"十四五"学术文库系列

"三江并流"区域
生态补偿机制构建研究

许 林 著

U0363991

西安交通大学出版社
XI'AN JIAOTONG UNIVERSITY PRESS

图书在版编目(CIP)数据

"三江并流"区域生态补偿机制构建研究 / 许林著
.— 西安 ：西安交通大学出版社，2023.8
("十四五"学术文库系列)
ISBN 978 - 7 - 5693 - 2583 - 6

Ⅰ.①三… Ⅱ.①许… Ⅲ.①区域生态环境-补偿性
财政政策-研究-云南 Ⅳ.①X321.274

中国版本图书馆 CIP 数据核字(2022)第 076526 号

书　　名	"三江并流"区域生态补偿机制构建研究	
	SANJIANG BINGLIU QUYU SHENGTAI BUCHANG JIZHI GOUJIAN YANJIU	
著　　者	许　林	
责任编辑	李逢国　雒海宁	
责任校对	袁　娟	
装帧设计	伍　胜	
出版发行	西安交通大学出版社	
	(西安市兴庆南路 1 号　邮政编码 710048)	
网　　址	http://www.xjtupress.com	
电　　话	(029)82668357　82667874(市场营销中心)	
	(029)82668315(总编办)	
传　　真	(029)82668280	
印　　刷	西安五星印刷有限公司	
开　　本	700 mm×1000 mm　1/16　印　张　11.125　字　数　148 千字	
版次印次	2023 年 8 月第 1 版　　2023 年 8 月第 1 次印刷	
书　　号	ISBN 978 - 7 - 5693 - 2583 - 6	
定　　价	68.00 元	

如发现印装质量问题,请与本社市场营销中心联系。
订购热线:(029)82665248　(029)82667874
投稿热线:(029)82664840
读者信箱:xj_rwjg@126.com

作 者 简 介

　　许林,湖北经济学院教授,主要研究方向为长江经济带发展战略研究,兼任湖北省农村经济发展研究会副秘书长。主持完成国家社科基金项目1项,湖北省社科基金、湖北省人文社科重点基地等其他省部级项目多项,在核心期刊发表论文30余篇。

　　2022年3月完成"'三江并流'区域生态补偿机制构建研究"课题。该研究及其调查资料为"三江并流"区域政府-企业-公众三位一体的环境治理前瞻研究、体制机制改革以及流域生态复合管理系统构建储备了专门知识和治理经验。

前　言

　　"三江并流"区域是重要的江河源头区、水土流失敏感区和生态屏障区,其生态环境质量的好坏不仅制约当地的可持续发展,而且直接关系国内其他区域甚至东南亚相关国家的生态安全。生态补偿需要把机制建设作为重点,且补偿机制必须是长效的,而简单的区域补偿措施、政策(如中央政府投资的生态环境治理工程)并不等同于机制。作为一种复杂的社会过程,区域生态补偿机制可理解为由相关法律和制度等要素构成的,以明确补偿责任、补偿标准、补偿方式等为内容的一种保障体系,以实现生态补偿的长效性。目前,"三江并流"区域生态补偿机制建设的难点在于转移支付制度、法律法规、公共管理制度、政府管理体制、产业政策、生态移民政策等多个方面。其中一个方面是从转移支付的角度来进行生态补偿,相当于是对生态资源保护地的"输血",来促使它获得正常的经济社会发展;另一个方面,就是通过自身"造血"的方法来实现本地的发展,规划"三江并流"区域后续产业,提升其自我发展能力。

　　本书由湖北经济学院许林撰写,全书内容由六个部分构成,具体如下:

　　第一部分为绪论。该部分以经济发展对生态系统的压力作为研究的出发点,通过对国内外研究现状、研究内容、研究思路、研究方法和创新等方面的分析,提出应在理论研究和实践应用方面完善生态补偿的理论框架,并进一步讨论分析符合区域实际的生态补偿机制。

　　第二部分为生态补偿的理论基础和实践经验。该部分从界定

1

生态补偿的基本内涵出发,论述了进行生态补偿的必要性,以及生态补偿应该具有的不同补偿类型、补偿主体、补偿内容和补偿方式,提出因生态补偿问题涉及部门、地区较多,可以在政府的主导下,建立一个具有战略性的总体框架。

第三部分为"三江并流"区域的生态环境保护与后续产业发展。该部分分析了"三江并流"区域的生态建设成本和下游地区的受益状况,从补偿责任难以界定、补偿标准难以测算、补偿模式单一、制度环境的局限等角度,剖析了"三江并流"区域生态补偿机制的障碍。同时,对"三江并流"区域后续产业发展现状进行了评估,提出应该利用自身"造血"的方法实现当地发展,即发展后续产业,提升其自我发展能力,这也是生态补偿机制中很重要的一个环节。

第四部分为"三江并流"区域生态补偿现状与补偿意愿的调查分析。该部分表明当前"三江并流"区域的生态补偿分别由不同州、市、县相关部门在相应的行政区域内以不同的项目组织实施,这种分散型的生态补偿与生态环境保护的整体性、系统性不相吻合,所以在实施过程中各部门可能会因为对政策理解的偏差或部门利益的纠葛,带来一系列矛盾和问题,使得生态补偿不到位,引起相关群体的不满意,故应打破行政区域及部门的藩篱,整合项目资金,建立生态补偿机制,达到供需平衡,保证生态保护和建设的资金需求。同时,采用条件价值评估(contingent valuation method,CVM)对生态补偿偏好和受偿意愿进行调查和评估,利用模型估计相关群体对主体功能区政策态度和受偿意愿的影响因素,同时估计相关群体的受偿金额,分析该补偿金额与现实补偿数量的差距,分析该补偿金额的现实合理性,为确定合理的补偿标准提供一定参考。结果表明,相关群体对保护的支持与否,与其收入和种植面积呈正相关,与种植数量呈负相关。

第五部分为"三江并流"区域生态补偿的机制构建与实施保障。该部分分析了在国家生态补偿政策、地方自主性探索、国际生态补偿市场交易等方面所开展的实践工作,认为政府主导依然是主要方式,其作用主要为解决市场难以解决的资源环境保护问题,并提出应该综合国内外的经验与做法,征收生态补偿税费,构建由政府主导、市场运作、公众参与的多层次法规机制、补偿基金形成机制、市场机制、绩效监测评价机制和政府治理机制,有效推进生态补偿的实施。

第六部分为基本结论。该部分提出,我国生态补偿和区域协调发展一直是一个问题的两个方面。"三江并流"区域是我国的重要生态功能区,分布在山区或少数民族地区,这些地区的生态环境要么保存状况较好,是原始生态区,需要保护与禁止开发;要么已经遭到比较严重的破坏,需要进行生态修复,既要加大生态保护投入,又要改变开发方式。因此,在进行生态补偿的同时,需要解决民生改善和地区协调发展问题。

本书通过以上六个部分的内容,提出构建生态补偿法规机制、补偿基金形成机制、市场机制、绩效监测评价机制和政府治理机制等"五大机制",具有基础性的方法论意义和宏观判断依据,目的是保障国家的生态安全,化解发达地区与落后地区的冲突和矛盾,实现不同利益主体的公平分配,确保各地区平等地享有发展的权利,为促进城乡和地区之间的协调发展贡献有价值的言论。

著 者

2023 年 1 月

目　录

一、绪 论

"三江并流"区域①是我国重要的江河源头区、水土流失敏感区和生态屏障区,也是著名的物种中心及生物基因库,这里孕育着丰富多彩的微生物和动植物物种,这里的生态建设能够影响到相关流域的生态保护和水源涵养,直接关系云南省、国内其他区域甚至东南亚相关区域的生态安全②。作为长江干流的上游河段,金沙江是长江重要的生态安全屏障。中共中央政治局 2016 年 3 月 25 日召开会议,审议通过了《长江经济带发展规划纲要》,要求把长江经济带建成中国生态文明建设的先行示范带、创新驱动带、协调发展带③。因此,"三江并流"区域划定生态保护红线,构建生态补偿机制,具有十分重要的意义,也有特殊的具体要求,需要进行专门研究,为处理全国性与区域性、一致性与特殊性等关系提供理论支持、政策依据和模式借鉴,促进边疆民族地区经济社会的发展,努力改善民生,实现民族地区的安定、团结和繁荣稳定[1]。

---

①滇西"三江并流"区域由位于云南境内"江水并流但并未交汇"的怒江、澜沧江和金沙江及各自流域内的山脉组成,范围包括云南省丽江市、迪庆藏族自治州(本书以下简称迪庆州)、怒江傈僳族自治州(本书以下简怒江州)的世界自然遗产地、自然保护区、风景名胜区、森林公园、国家地质公园等众多特殊保护区。各种保护区之间存在大面积的地域重叠,造成一片地理区域同为几种保护区域的现象。为了方便研究,本书所指滇西"三江并流"区域和"三江并流"区域是同一概念,不包括滇西"三江并流"区域相邻的四川和西藏部分地区,主要选取云南省丽江市玉龙县、迪庆州香格里拉市、德钦县、维西县、怒江州泸水市(县级市,2016 年撤县设市,本书均写作泸水市)、福贡县、贡山县、兰坪县,共 4.1 万平方千米区域,总人口约 80 万人。

②国务院:《全国主体功能区规划》,国发〔2010〕46 号,2010 年 12 月 21 日。

③《长江经济带发展规划纲要》强调,长江经济带发展的战略定位必须坚持生态优先、绿色发展,共抓大保护,不搞大开发,在改革创新和发展新动能上做"加法",在淘汰落后过剩产能上做"减法",走出一条绿色、低碳、循环发展的道路。

随着人口的增长与经济的发展,人类对生态系统服务的需求不断增加,然而,由于生态环境破坏,自然环境提供生态系统服务的能力不断下降。在这种背景下,改善生态环境、提高生态系统服务的数量和质量已经成为全社会的共识①。因为外部性的存在,市场无法提供生态系统服务,这就需要采取一系列市场外的干预措施。生态补偿是将市场无法提供的生态系统服务的外部价值转化为促使人们主动提供生态系统服务的一种机制。以往的环境保护主要是强调要减少破坏环境,并不能激励人们主动保护生态环境。生态补偿不但关注环境破坏的负外部性,强调破坏者或使用者付费,更加强调环境内生的正外部性,使环境的保护者受益,此种环境保护的激励举措更能够受到人们的支持[2]。当前,生态补偿在发达国家和发展中国家都得到了应用,成为世界各国为实现可持续发展而广泛采用的政策措施。1997 年,纽约在实行流域水资源的保护过程中第一次正式使用生态补偿的概念[3]。生态补偿虽然已经引起社会各界的广泛关注,但其理论体系并不完善,世界各地采用的生态补偿方法多种多样,实施的效果差别也非常大[4]。因此,无论是理论研究,还是实践应用,都应完善生态补偿的理论框架,探讨补充符合区域实际的生态补偿技术[5]。

(一)经济发展对生态系统的压力

地球上的自然生态系统是一种复杂的生命支撑系统,是人类生存和发展的基础。自然生态系统为人类提供了生产生活所需的一切环境和资源[6]。除了人们早已熟知的实物型生态产品外,生态系统还向人类提供着更多的非实物型的生态服务,非实物型的生态服务有着巨大的经济价值,向人类提供了重要的福利。然而,因为这些非实物型的生态服务没有直接影响人类的生产生活,故其价值常被人们忽视,没有通过市场

①中共中央、国务院:《生态文明体制改革总体方案》,中发〔2015〕25 号,2015 年 9 月 23 日。

展现出来。

随着世界人口的剧增和人类经济活动规模的不断扩大以及强度的持续加大,特别是工业革命以后人口增加、经济总量飞速扩张,使得经济发展和人类活动常常在全球、国家和区域尺度上对环境与自然资源造成破坏[7]。

1. 土地利用对生态系统的影响

土地利用变化导致地表覆被变化,从而改变了地表的反射率,影响了热量、水分和辐射,进而影响了湿度和温度。由于人类开发引起的土地利用变化导致全球森林覆盖率严重下降,据不完全统计每年约有170000平方千米的森林遭到砍伐,全球原始森林覆盖面积的20%已经消失,这直接导致地球生态系统吸收大气中温室气体的能力下降,使得全球变暖趋势进一步加速[8]。目前,全球50%的湿地面积已经消失,237条河流被大坝、运河、引水工程碎片化,碎片化程度达60%。20世纪50年代以来全球大坝数量增加了7倍,拦截了14%的全球径流,严重影响到淡水生态系统,在过去几十年中,全球20%的淡水鱼类濒临灭绝。同时,不可持续的农业和牧业活动,以及运输和城市化影响了草地和农业土壤,导致土壤侵蚀和盐碱化,目前全球55%的草地为敏感的干旱草地,其中1/5的草地因人类活动而严重退化。总之,由于食物生产和工业化用地挤占了生态用地,边际土地开发和不合理利用加速了土地退化,导致产生了水土流失、土地荒漠化、土壤次生盐渍化等一系列不良的生态效应。

2. 生物资源利用对生态系统的影响

物种多样性及生态环境破坏已经成为目前最重要的环境问题之一。如海洋渔业的商业捕捞及人类在河口、海岸地区的定居和经济活动已经对海洋生态系统产生了严重的影响。1950年以来全球海洋渔业产量增加了6倍,但野外捕获鱼量的年增加率从1950—1960年的6%下降到了1995—1996年的0.6%,主要渔获量的70%是全额捕捞或过度捕捞的结果。由于过度捕捞、拖网捕捞技术对鱼类繁殖生境的破坏,使得海洋生态系统损失了大量渔业生产能力[9]。全球 40% 的人口居住在海岸线 100 千米以内、占陆地面积 20% 的海岸带地区,由于人类在此区域的生活和生产活动严重地影响了原本的潮间带生态系统和红树林生态系统,对这一区域的生物多样性和生态系统稳定性造成了严重威胁。另据保守估计,全球热带雨林的年平均消失率约为 0.6%,相当于每年消失 7.3×10^6 公顷。生物多样性破坏,特别是热带雨林植被的破坏,势必会使营养元素和微量元素在地球系统中的碳循环遭到破坏,从而会给生态系统和人类社会带来巨大的影响[10]。

3. 采矿对生态系统的影响

采矿对生态环境的破坏也早已经成为另外一个十分重要的环境问题。首先,采矿会引起地形的变化,造成塌陷和固体废弃物堆砌。据统计,截至 1996 年底,开滦矿务局古冶矿区有大小不等的塌陷坑 53 个,总面积约 1800 公顷,每个塌陷平均占地约 27 公顷[11]。类似的情况在其他地区也同样存在。其次,采矿会污染地表和地下水,造成水质恶化或水源枯竭,进而对水生生物和高营养级生物产生破坏。此外,采矿还会造成土壤侵蚀,干扰生物群落的掩体变化。

(二)国内外研究现状

1. 生态补偿概念

在国内现有的研究资料中,通常把生态补偿当作是要求生态环境的加害者付出赔偿的代名词。王金南、庄国泰等学者把生态补偿定义为通过对生态资源的损害行为实行收费,来提高此行为成本,进而鼓励损害行为主体减少其破坏行为及其外部不经济,从而达到资源保护的目的[12]。

从国际范围来看,对生态补偿的理解有广义和狭义之分。广义的生态补偿既包括对生态系统和自然资源保护所获得效益的奖励或者破坏生态系统和自然资源所造成损失的赔偿,也包括对环境污染者的收费。狭义的生态补偿概念与目前国际上通用的生态服务付费(payment for ecosystem services,PES)或生态效益付费(payment for ecological bene-fit,PEB)基本相同。根据我国的实际情况,由于在排污收费方面已经有了一套比较完善的法规,目前需要建立的是基于生态系统服务的生态补偿机制,所以在本书的研究中采用了狭义的概念[12]。一般认为,生态补偿就是使用者向生态系统服务的提供者付费,通过市场价值的持续转化,逐渐将生态系统服务转变为市场价值,从而源源不断地向生态系统服务参与者提供激励机制。生态补偿主要有四个类型:①直接公共补偿(如天然林保护工程、退耕还林还草工程、生态公益林保护工程等);②限额交易计划(如欧盟的排放权交易计划);③私人直接补偿;④生态产品认证计划。

2. 生态补偿研究

我国的生态补偿研究开始于 20 世纪 80 年代末,重点是对生态补偿的依据、范围、方法、标准等方面进行研究,总体来说,是生态补偿方面的研究[13]。大多数学者认为应该对生态系统进行价值评估和补偿,主张提取生态环境受益者一定比例的收益当作赔偿基金,这赋予了生态补偿经济学意义。还有学者提倡在生态防护林区进行生态补偿试点工作,由下游的受益单位(如电厂、工厂、交通、运输、采矿等)提供资金,下游受益单位根据效益金额,决定承担义务的多少,以弥补建设防护林所需的资金。

吴晓青等学者除了考察生态补偿筹集资金的相关功能之外,还针对有关补偿的主体、数量、依据、形式、使用和监管等一些重要问题,进行了深入的研究和探索,为我国生态补偿理论体系建立提供了重要的参考[14]。

3. 流域生态补偿研究[15]

陈瑞莲等学者提出,流域区际的生态补偿应该采用准市场模式,健全和完善流域区际协商民主机制、流域生态补偿资金的运作、流域区际经济合作、流域的环境价值评估等。周大杰等学者提出流域生态补偿中的水资源利用问题,需要研究可操作性比较强的生态补偿机制和监督与支持机制。吴学灿等学者探索江河源地区的生态系统,研究其内涵、服务功能、价值、结构等,探索江河源地区生态补偿制度的建立。

流域的生态补偿是全球生态环境研究领域中的一个前沿问题。我国的流域区际生态补偿研究还处于发展的初期,是一个具有挑战性的研究领域。目前,迫切需要对我国流域生态补偿的理论基础和实践经验进行深入总结和研究,并提出适合我国基本国情的流域生态环境补偿建议。

4. 生态补偿机制研究[16]

生态补偿机制是以保护生态环境、促进人与自然和谐为目的,根据生态系统服务功能、生态保护成本、发展机会成本等因素,通过补偿主体与客体的界定、生态保护与建设资金的筹措使用、生态价值的测算与评估,综合运用行政和市场手段,调整生态环境保护与建设相关各方之间利益关系的制度安排和运行方式。陈根长对森林生态补偿机制的背景、现状、对策等方面进行了研究,提出了很多前沿性的观点。曹明德对流域的生态补偿机制等方面内容进行了研究,分析了流域内上、下游之间的利益关系,对生态补偿的机制建设与制度缺陷方面提出了很多建设性的意见。陈丹红从可持续发展视角研究生态补偿的机制。何国梅提出,要建立中央与地方的财政转移支付基金、生态环境政策等全方位的生态补偿机制。王鸥通过分析现行生态补偿的实施现状和存在的问题,归纳了退牧还草、退耕还林等方面的实践经验,研究了建立农业生态补偿机制的政策,并且提出了相应的措施建议。

5. 生态补偿法律研究[17]

1998 年修正《中华人民共和国森林法》时,确立了森林生态补偿基金制度,这是生态补偿研究与实践的重大突破,跨出了生态补偿实践的一大步。之后的《中华人民共和国土地管理法》《中华人民共和国渔业法》《中华人民共和国矿产资源法》《中华人民共和国水法》《中华人民共和国森林法实施条例》等有关法律法规也对生态补偿机制做出了相应规定。洪尚群等学者提出完善的生态补偿法律体系可以解决相关利益矛盾,促进环境发展和生态保护的顺利进行,是生态系统保护的激励机制、协调机制和动力机制。

6. 生态补偿与其他环保政策的比较研究

众所周知,在科学研究中少不了逆向思维。在全球变暖、减排温室气体困难重重的情况下,科学研究的重点转向研究人类对气候变暖的适应性。类似地,生态补偿与传统环境保护活动之间的关系也发生了变化。传统环境保护活动往往强调减少对环境的破坏,降低生态的负外部性,然而这不能使人们自觉地去保护环境[18]。生态补偿则强调增加生态的正外部性,使保护环境者受益,激励人们去保护环境,这种积极的激励机制使人们更乐于主动地去保护环境。

当前环境保护活动的对策措施有很多,主要有环境补贴和环境税收、命令控制型措施、集成的保护和发展项目(integrated conservation and development projects,ICDPs)等[19]。这些不同的手段之间是互补的还是冲突的,范围程度如何? 这是一个重要的问题。弄清它们之间的异同,有助于更好地实施生态补偿项目并发挥它在环境保护中的作用。根据温德在 2005 年的研究,从依赖经济激励工具的程度和保护目标的直接性两个角度判断,生态补偿与传统环境保护活动(环境补贴和环境税收、命令控制性措施、ICDPs、利用社会资本)之间存在明显差异[18]。

(1)生态补偿与环境补贴和环境税收

环境补贴和环境税收与经济激励工具一样,也是生态补偿的核心[20]。从生态补偿接受者的角度来看,生态补偿更类似于一种环境补贴,因而具有环境补贴可能存在的无效率问题[21]。首先,补贴引起的环境增益可能比较小(即在不存在补贴的情况下,仍在各处开展补贴活动),甚至发生泄漏(环境破坏的空间转移)。为了避免这些问题,需要仔细评价基本情况。其次,补贴项目可能会引发不正当的动机(为了获得更多的补贴,故意扩大环境破坏的范围或程度)。在项目设计时,设置一个实践界限(先于项目开始前的时间范围)能够帮助避免这类问题。最后,环境补贴增加了受环境补贴活动的盈利性,因而可能引起环境补贴活动的扩张,使其取代其他对环境有益的活动成为可能。在无效率方面,环境税收(对环境破坏活动收税)的问题相对较少,但环境税收的实施存在分配方面的阻碍,因为税收将增加土地使用者的环境保护成本。通常认为环境服务提供者比环境服务使用者的情况要糟,因此从公平的角度考虑,人们一般偏爱环境补贴而不是环境税收。

值得注意的是,生态补偿与环境补贴和环境税收目标在直接性方面存在差异。生态补偿通过购买保护来实现保护目标,在环境保护目标上比环境税收和环境补贴更直接,环境税收和环境补贴通常的目标是改变广泛的生产和资源利用模式。

(2)生态补偿与命令控制型措施

命令控制型措施的目标是直接保护资源环境,不采用经济激励工具。通常生态补偿项目与这些命令控制型措施是可以共存的。此外,我们还应注意到生态补偿项目经常是在已经存在很多命令控制型措施的环境中运行的[22]。例如,许多国家的生态补偿项目对森林保护付费,但事实上那些地方的法律是禁止采伐森林的。

从目标的直接性来看,命令控制型措施的目标非常直接,但事后缺乏集成保护与发展方面的考虑。同时,需要注意的是命令控制型措施的刚性对分配也会产生负面影响。如果当地居民的生计普遍依赖于森林,那么对森林资源的强行管制可能会导致当地居民的经济产生困难并引发社会冲突。但命令控制型措施可以增加参与者的参与率,减少支付率。从这个角度来看,命令控制型措施与生态补偿项目具有互补性[21]。当然,命令控制型措施与生态补偿之间也有可能存在更复杂的交互作用。例如,提高当地社区保护资源的价值;提高当地居民意识,主动限制资源使用。

生态补偿项目比纯粹的命令控制型措施更有效率。例如,在生态补偿项目中,命令控制型措施通常采用"一刀切"的支付方式,这会引起社会无效率问题,导致高机会成本的土地所有者保护较少的森林,低机会成本的土地所有者保护较多的森林。而生态补偿的手段更灵活,可以寻求一些产出价值高、保护成本低的森林区域进行补偿[23]。例如,基于空间异质性的参与者筛选程序就可以提高生态补偿项目绩效[24]。

(3)生态补偿与集成的保护和发展项目

ICDPs 可以清晰地将保护与发展目标融合在一起,通过寻求多种途径的保护措施,缓解贫困,减轻退化,甚至影响当地的发展。从这个角度来看,ICDPs 的环境保护目标并不直接,为鼓励参与者保持或提供生态系统服务,采取的途径通常是为他们提供一种替代已有环境破坏活动的方法。在 ICDPs 中,经济激励工具所起的作用是变化的。与生态补偿不同,ICDPs 需要对替代的生产形式进行投资,经常以项目和工程的形式出现,它通过一系列措施影响生产和开发过程。尽管经济激励工具在ICDPs 中起到了一定作用,但主要作用还是技术革新。ICDPs 提供的保护激励通常预先就已经给定[10]。即使参与者未能按照预先约定控制自己的行为,也不会对参与者采取什么措施,只能听之任之。

生态补偿则是直接补偿环境保护行为,而且这样做是有条件的,其中明显的环境增益是补偿的基础条件。另外需要注意的是,当地居民从生态补偿项目和 ICDPs 中取得的收益可以通过收入、消费、劳动力和土地市场的变化来改变当地的生计动态,这些作用既可能对环境保护产生正面影响,也可能产生负面影响,在分析生态补偿项目和 ICDPs 效益时需要考虑到这些影响。

(4)生态补偿与利用社会资本

利用社会资本减少公共地悲剧的发生也是目前常用的环境保护措

施之一。它们是靠人与人之间的互惠和交换构成的一个系统,在这个系统中,交易媒介并非金钱。社会资本通过社会道德规范等因素对环境保护起到激励作用,而不是通过经济激励,它可以通过互惠、合作、信任等限制私人生态破坏行为[25]。若利用社会资本来保护环境,则与当地的社会系统和发展过程有紧密的联系,而与直接的保护目标并无很大的联系。

总体而言,生态补偿是一种创新的环保措施,它将生态系统服务外部的、非市场的价值转化为人们保护环境的内在经济动力,为环境保护和生态系统服务量的提高提供了可供参考的新途径。

7. 政府付费与使用者付费生态补偿项目的比较研究

较为成熟的生态补偿项目最早是在 20 世纪 80 年代中叶,由英、美等发达国家率先发展起来的,其主要方式是政府机构与农户和农场主等个人签订相关合约,由政府向签约的个人提供经济补偿,以换取农户和农场主等改变土地利用方式,以此达到保护生态环境、增加生态系统服务的目的。随后在 20 世纪 90 年代初期,欧洲、拉丁美洲和非洲的一些国家也先后开始实施了生态补偿项目,且项目开展的生态系统服务种类越来越多元化,生态系统服务的购买者也从单一的政府购买,逐渐向政府、非政府组织、商业公司多方购买转变[26]。我国的生态补偿项目是从 20 世纪 90 年代后期开展的,其主要形式是政府主导的强制性政策,这也决定了在大多数情况下国家是生态系统服务的唯一购买者和监督者。

从生态补偿项目的资金来源看,生态补偿项目可以分为使用者付费项目与政府付费项目两种情况。使用者付费项目的购买者,一般是生态系统服务的使用者(个人或者公司),如矿泉水公司是法国矿泉水公司项目的付费者;政府付费项目的购买者,一般是政府机构或者第三方机构,如退耕还林项目的付费者是政府。另外,生态服务的提供者通常是土地的所有者,或者是有土地使用权的个人或集体。例如,在厄瓜多尔森林吸收二氧化碳的项目中,生态系统的服务提供者是个人或者本地社团,而我国退耕还林项目的生态服务提供者是本地农民。由于付费主体不同,使用者付费项目与政府付费项目的规模、有效性、效率等方面存在较大差别。

(1)环境目标的差异

设计生态补偿项目,首先要确定生态系统提供了哪些生态服务。从各个国家实行生态补偿项目的实际情况来看,设计的主要方向是农业环境保护、流域的水资源管理、生态环境的恢复与保护、景观保护、碳循环等[27]。

从环境的目标来观察,使用者付费项目和政府付费项目之间存在着显著的差异。一般来说,使用者付费项目的目标往往只有一个,并且副目标很少或者没有。政府付费项目的环境目标通常有多个,而且副目标多。使用者付费项目和政府付费项目虽然在环境目标上有差异,但其支付的对象却是相同的,都是向有益于保护环境和改善生态的活动进行付费。

(2)项目规模的差异

项目规模的差异是使用者付费项目与政府付费项目之间的一个主要差异。通常,政府付费项目的规模大,使用者由于其资金不能与政府相提并论,并且一般只关注其自身感兴趣的项目,故而规模相对较小,往往是针对一个小区域进行的[28]。政府付费项目在开始之后,其规模往往会迅速扩大,但规模的变化情况会受政府预算的制约。使用者付费项目的规模,往往变化不大。

(3)支付方式和支付数量的差异

使用者付费项目支付方式灵活,可以是金钱,也可以是实物,还可以是技术援助,或者是多种支付方式的混合;而政府付费项目,大多采用一种付费方式。使用者付费的资金往往来源于私人的捐赠,政府付费的资金通常是政府的预算。

(4)有效性的差异

使用者付费项目中,买卖双方都是自愿行为;政府付费项目往往只有卖方为自愿[29]。相对来说,使用者付费项目要比政府付费项目更加符合科斯定理的设想,双方协商解决社会成本问题。使用者付费项目的管理人往往是使用者本人,而政府付费项目的管理人往往是政府机构或者第三方,使用者能够更快掌握生态系统服务的第一手信息,他的信息租金也相对较低。对使用者而言,其付费项目的执行情况往往直接关系到自身的利益,所以存在确保项目实施情况良好的直接动机;然而政府付费的项目就不是这样,虽然政府机构会出面,项目监督的成本要比使用者监督的成本低,但是相对的信息租金却高。此外,使用者付费项目的合同遵守情况一般要比政府付费项目的合同遵守情况好;并且使用者付费项目的持久性比较好,而政府付费项目的持久性一般都比较差。

近30年来,我国生态补偿研究快速发展,相关研究工作取得了很大成效。当然,同国外的研究工作相比,我国生态补偿的研究水平依然停留在简单的统计分析与定性分析上,还没有形成比较成熟的生态补偿研究学派;研究的领域主要集中于某些区域的森林生态补偿和某些区域性流域的生态补偿研究方面,缺乏系统研究,而且在跨区域和大范围的综合因素上的研究的广度和深度不够,还没有建立起生态补偿的理论体系;对相关研究的人才培养力度与投入不够;生态补偿的研究主要集中于一些研究机构,没有从全国范围建立起研究生态补偿的网络。

(三)研究内容

本书将从以下几个方面对"三江并流"区域构建生态补偿机制问题进行系统研究。

1. 生态补偿的基本内容和总体框架

本书从界定生态补偿的基本内涵出发,认为生态补偿问题涉及许多部门和地区,应该具有不同的补偿类型、补偿主体、补偿方式、补偿内容、补偿标准和补偿经费来源,可以在政府的主导下,建立一个具有战略性的总体框架,指导流域、矿产、森林、湿地和自然保护区等重点领域的生态补偿工作。

2. 国内外生态补偿的实践及经验借鉴

分析国家生态补偿政策、地方自主性探索、国际生态补偿市场交易等方面所开展的实践工作,本书认为应该综合国内外的经验与做法,征收生态补偿税费,建立生态补偿机制,达到供需平衡,保证生态保护和建设的资金需求。

3. "三江并流"区域的生态环境特征

本书根据"三江并流"区域的生态建设成本和下游地区的受益状况,从补偿责任难以界定、补偿标准难以测算、补偿模式单一、制度环境的局限等角度,剖析"三江并流"区域生态环境保护过程中存在的问题。

4. "三江并流"区域后续产业发展的基本情况

本书对"三江并流"区域后续产业发展现状进行了评估,认为目前国家财政实行的生态补偿转移支付主要来自国家财力,补偿经费来源单一,因此,必须利用"造血"的方法促进当地经济发展,发展后续产业,提升当地经济自我发展能力,这也是生态补偿机制中很重要的一个环节。

5. "三江并流"区域生态补偿的机制构建与实施保障

生态补偿需要把机制建设作为重点,且补偿机制必须是长效的,而简单的区域补偿措施、政策(如中央政府投资的生态环境治理工程)并不等同于机制。当前"三江并流"区域的生态补偿分别由不同州、市、县相关部门在相应的行政区域内以不同的项目组织实施,这种分散型的生态补偿与生态环境保护的整体性、系统性不相吻合,使得生态补偿不到位,不能满足相关群体的需求,故应打破行政区域及部门的藩篱,整合项目资金,构建由政府主导、市场运作、公众参与的多层次法规机制、补偿基金形成机制、市场机制、绩效监测评价机制和政府治理机制,有效推进生态补偿的实施。

(四)研究流程

研究流程如图 1-1 所示,其思路分为问题的提出、实证研究、对策研究三个阶段。

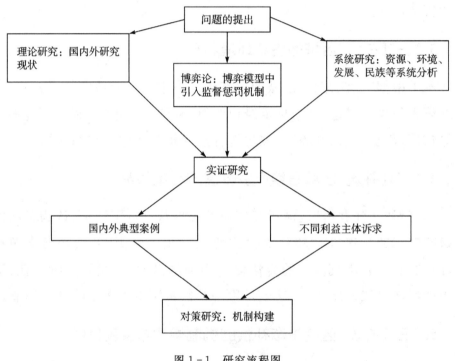

图 1-1　研究流程图

(五)研究方法

1. 民族学理论与方法

保证少数民族地区和少数民族成员拥有平等的发展机会是国家的责任,同时,国家还有义务使这部分人的能力达到能够有效享受公民权利的程度[30]。运用民族学的理论与方法,探索实现少数民族地区协调发展,努力改善民生,既是国家的一种政治性安排,也是本书研究的根本方法之一。

2. 田野调查方法[31]

田野调查方法是指在科学的理论思想指导下,深入少数民族地区进行实地调查研究,了解少数民族地区的实际情况并掌握第一手资料,剖析少数民族地区的经济社会发展机遇与挑战,加深人们对少数民族地区的了解,更重要的是为理论研究提供详尽的资料。

3. 问卷调查法

问卷调查法是调查者运用统一设计的问卷向被选取的调查对象了解情况或征询意见的一种调查方法。调查问卷的设计分为两部分:第一部分内容主要是基本信息,其目的是了解受访区域范围内的居民基本社会和经济信息;采集有关居民个体特征及其他有用信息,如性别、年龄、文化程度、家庭人口数、家庭收入等。第二部分内容是核心问题,即了解被调查人员对"三江并流"区域生态保护政策和模式的态度,以及可以接受的具体补偿标准等。

4. 案例分析法

案例分析法是指运用文献材料、历史数据、访谈、观察等方法收集数据和典型案例,运用可靠技术对生态补偿案例进行分析,从而得出普遍性结论。通过收集国内外生态补偿的典型案例,分析国家政策实施的生态补偿、地方自主性尝试、国际生态补偿市场交易等方面所开展的实践工作,提出应该综合国内外的经验与做法,实现政府付费和使用者付费相结合的项目模式。

5. 博弈论方法[32]

利用博弈论方法,对生态补偿过程中生态保护者和生态受益者的行为进行模拟和推演,给出一次性博弈和无穷次重复博弈的纳什均衡,如果参与者有足够的耐心,则保护与补偿将是每一阶段博弈的纳什均衡,双方将走出一次博弈的"囚徒困境",实现生态补偿的均衡状态。

6. 系统分析方法

研究"三江并流"区域生态补偿机制,要运用系统分析方法,对影响生态补偿的诸多环境因素(如资源、环境、发展和民族等方面)进行全面且深入的系统分析,为建立生态补偿机制提供理论支持。

(六)创新之处

1. 构建"三江并流"区域生态补偿"五大机制"

生态补偿需要把机制建设作为重点,且补偿机制必须是长效的,而简单的区域补偿措施、政策(如中央政府投资的生态环境治理工程)并不等同于机制。一方面是从转移支付的角度来进行生态补偿,相当于对生态资源保护性地"输血",促使它获得正常的经济社会发展;另一方面就是通过"造血"的方法来实现当地发展,规划"三江并流"区域后续产业,提升其自我发展能力。

2. 提出生态补偿有助于促进"三江并流"区域民生改善的观点

在我国,生态补偿和区域协调发展一直是一个问题的两个方面。"三江并流"区域是我国的重点生态功能区,分布在山区或少数民族地区,这些地区的生态环境要么保存状况较好,是原始生态区,需要保护,禁止开发;要么已经遭到比较严重的破坏,需要进行生态修复,既要加大生态保护投入,又要改变开发方式。因此,在进行生态补偿的同时,需要解决民生改善和地区协调发展问题①。从目前情况来看,实现这两个方面有机结合的最好办法,就是把生态补偿资金转化为转移支付资金,在计算时,以生态服务价值为依据,综合考虑各项因素;在使用时,纳入地方政府的可用财力,不指定具体的用途,既可用于生态保护,也可用于弥补损失的发展机会成本,帮助解决民生改善和地区协调发展问题。

3. 探索建立"三江并流"区域间的横向生态补偿制度

利用条件价值评估法(CVM),开展资源环境非市场价值测算,探索建设"三江并流"区域的生态要素市场,了解非市场物品的受偿意愿(willingness to accept),按照区域范围内居民失去的机会成本和意愿来协商合理的生态补偿金额,从而推断出这一区域居民愿意接受的经济补偿价值。通过经济发达地区(生态受益地区)向经济欠发达地区或贫困地区转移一部分财政资金,在生态关系密切的区域或流域建立起生态服务的市场交换关系,从而使生态服务的外部效应内部化。

---

①中共中央、国务院:《中共中央 国务院关于打赢脱贫攻坚战的决定》,中发〔2015〕34号,2015年11月29日。

二、生态补偿的理论基础和实践经验

生态补偿是依据生态系统服务的价值、发展的机会成本、生态保护的成本,以保护环境为目的,运用市场和行政手段,调节环境保护与经济社会发展之间的关系,基于"污染者付费、受益者付费和破坏者付费"原则的环境经济政策[33]。

(一)生态补偿的基本理论

环境地理学、生态经济学和资源经济学,尤其是生态环境价值理论、生态资本理论、外部性理论、公共产品理论和可持续发展理论等相关理论为生态补偿的研究和实践提供了重要理论基础。

1. 生态环境价值理论

生态补偿是一种促进保护生态环境的经济政策,而对生态环境价值的界定则是生态补偿实行的理论基础。生态资源是一种很重要的资源,且日益稀缺,它不仅具有生态服务功能,还具有价值。生态环境价值理论能够有效管理和合理配置生态资源,为制定生态补偿政策,特别是依托市场机制的补偿政策提供了理论依据。罗伯特·科斯坦萨①等人与联合国千年生态系统评估(MA)在这方面的研究起到了重要的作用。生态系统服务是指人类在生态系统之中获得收益,生态系统不仅向人类

---

①参见罗伯特·科斯坦萨等人所著《世界生态系统服务与自然资本的价值》,转载于《生态学杂志》1999 年第 2 期,第 70 - 78 页。

提供直接服务,还提供其他效益,比如供给功能、文化功能、支持功能和调节功能等。所以,人们在进行生态管理的决策时,不仅要考虑人类的福利,还要考虑生态环境的价值。

2. 生态资本理论

生态资本理论指出,生态环境所供给的生态产品和服务是一种资源,一种生态资本。生态资本论有四种观点:第一种是效用价值论。该理论认为价值在本质上就是效用,而价值的大小则由供求状况和稀缺性来决定,生态资本具有稀缺性,无论是自然界提供的生态产品和生态服务,还是人类"加工"过的生态产品和服务,都是具有稀缺性的。第二种是劳动价值论。该理论认为生态系统就是"人工的自然",人们为保护与发展生态系统所消耗的劳动,构成生态系统的实体价值。第三种是把效用价值论和劳动价值论两者结合起来的综合价值论。该理论认为生态价值就是以劳动价值论为根本,以稀缺性理论作为必要补充。生态价值决定于生态环境所提供的产品与服务对人们的有用性,价值的大小决定于其开发利用的条件和稀缺性。第四种是总经济价值论。该理论认为生态环境通过各生态要素对人们的生产和生活的效用综合来体现其整体价值。无论是森林、土地,还是水体、矿藏,作为自然资源,它们都能通过影子价格或者是级差地租反映其价值,进而实现生态资源的资本化[33]。

3. 外部性理论

庇古认为,外部性产生的根源是市场失灵,这需要政府的宏观调控来解决,进而提高社会的整体福利水平[34]。但对于政府是否能够有效纠正外部性,西方经济学界普遍存在争议。简单来说,外部效益就是某个经济主体的收益中包括他人行为,并且该经济主体没有向他人索取补偿或者提供报酬。生态资源的外部性产生主要表现为两方面:一是在资源开发过程中造成环境破坏从而产生的外部消耗成本;二是进行环境保护所产生的外部收益。第一种导致在资源开发过程中的生态破坏和环境污染,这些成本没有算入生产经营者的成本;第二种产生的生态环境收益被他人无偿使用,而环境保护者却没有得到应得收益。这种外部性的存在使环保领域很难达到效果最优[35]。

4. 公共产品理论

依照经济学的相关理论,一般认为,社会中的产品可以分为私人产品与公共产品两大类别。其中公共产品主要是相对于私人产品而言的,是指在经济中不可分割、不具有竞争性和排他性的一些物品,比如国防、道路和广播等。一般学者认为,保罗·萨缪尔森最早在经济学理论中提出了公共产品的定义。按照他给出的公共产品定义,就是指每个人消费这种物品不会导致其他人对该物品消费的减少[36]。公共产品不能被私人所独享,具有共享性;不能为私人独占或所有,具有共有性;由于公共产品投资巨大、回报期长、风险很高,具有规模性,且私人能力有限,通常不愿投资;无法阻止"搭便车"现象,具有外部性;不能按照价格购买,价格机制往往难以起到应有的作用,不具价格性;不会形成私人垄断,从而影响国民经济,具有自然垄断性[36]。正是因为公共产品具有以上特点,所以容易导致政府规制在公共产品领域的市场失灵。不过,政府也可以通过直接参与市场竞争的方式,来解决公共产品供应不足的问题,从而消除自然垄断可能带来的负面影响。在完全竞争条件下,政府对公共产品实行规制,可能会对两个方面产生积极的影响。一方面,自治的公司可以用较低的成本,获得充足的公共产品及其他的公共信息,从而不断增强自身的竞争能力。另一方面,可以避免私人主体为了追求其自身收益最大化,防止滥用自然垄断的优势。这样,政府规制就非常有效率地化解了公共产品领域的市场失灵问题。

5. 可持续发展理论

20世纪70年代初,国际上关于"增长极限问题"而开展的大讨论,导致了经济发展的一种新理论的产生,即可持续发展理论[37]。它转变单纯强调经济增长速度、不重视环境保护的传统发展模式,全面衡量经济、社会、资源与环境效益,实行清洁生产和文明消费,通过产业结构调整和生产力合理布局,协调环境与发展之间的关系,使经济的发展既满足当代人的需求,又不致对后代人的需求造成危害,最终实现社会、经济、生态和环境的持续稳定发展[38]。目前,可持续发展理论已从学术讨论转向付诸实践,成为人类社会 21 世纪的共同选择。可持续发展需要解决的核心问题包括人口问题、资源问题、环境问题与发展问题,简称 PRED 问题。可持续发展理论的重要原则是代际公平,最终目的是保证所有的国家、地区、个人都拥有平等的发展机会,保证子孙后代拥有同样的发展机会。

(二)生态补偿的基本内容

生态补偿是指以保护生态环境、促进人与自然和谐为目的,根据生态系统服务功能、生态保护成本、发展机会成本等因素,通过生态保护和建设资金的筹措使用和生态价值的测算与评估,调整生态环境保护和建设相关各方之间的利益关系。

1. 生态补偿的原因

在生态补偿中,通过生态系统服务付费是为了实现保护生态的目标和保持生态环境健康状态的一种保护机制。生态环境的管理者可能是农民、牧民,或者是保护区的管理人员,他们从当前土地利用的方式中获取的收益一般少于土地转换使用之后获取的收益,虽然把森林转换成牧场或者农田能够给土地管理者带来更大的收益,但因为碳汇的丧失或者生物多样性的减少,使下游的人们降低了水过滤等服务的收益。而建立生态补偿机制,生态环境的管理者可以得到相应的补偿,使他们乐于接受这种方案从而促使他们保护环境,获得更大的利润。同时,下游人们虽然支付了一定的费用,但是要少于因森林转化为牧场或农田所带来的损失。生态系统服务的相关使用者与生态系统服务的相关保护者通过生态补偿这种市场机制手段可以达到一种共赢的格局。从这个角度来看,生态补偿项目就是找寻对策措施内生处理环境外部性。实际上,生态补偿项目就是将科斯定理①赋予实践。目前,世界上已经实施了很多生态补偿项目,如美国和欧盟实施的农业环保计划、中国实施的退耕还林(草)工程等[39]。

2. 生态补偿的基本原则

生态补偿实行以下几项基本原则:①"谁受益,谁付费"原则。这是针对环境受益群体所采取的原则。由于一些情况下生态环境受益主体的模糊性和泛化,地方政府应当成为补偿的主体,从其财政中支付或转移支付该部分费用。②"谁污染,谁付费"原则。这是经合组织(OECD)理事会1972年决定实行的环境政策根本规则,同时也被广泛应用于控制各种污染。③"谁保护,谁受益"原则。生态环境保护者付出努力,就应该得到一定的政策优惠、经济补偿或者税费减免的激励,将正的外部性内部化。④公平补偿原则。公平补偿原则又称为正当补偿原则。公平补偿原则旨在充分考虑被补偿者遭受的损失情况,因此赔偿的范围主要取决于损失的后果,对被补偿者遭受的全部损失都应当由补偿者承担相当的赔偿责任。⑤适度性原则。适度性原则是公平性原则的进一步延伸,即生态补偿税(费)的征收要注意把握一个"度",协调好补偿者和被补偿者之间的平衡,既要考虑补偿者的实际情况,又要争取补偿与损失之间持平。⑥协调性原则。生态补偿终极目的是生态功能恢复与生态系统良性循环,促进经济、社会和生态环境的协调与持续发展[12]。

3. 生态补偿的主客体

生态补偿主客体是根据利益相关者在特定生态保护、破坏事件中的

①科斯定理:罗纳德·科斯(Ronald Coase)提出的一种观点,认为在某些条件下,经济的外部性可以通过当事人的谈判而得到纠正,从而达到社会效益最大化。

责任和地位加以确定。根据利益相关方分析,目前在我国生态补偿具体实施过程中,生态补偿的主体主要是各级政府,利用生态资源中受益的地区和群体,生活或生产过程中向外界排放污染物而影响生态环境的个人、企业或单位。生态补偿的客体归纳为四类:为生态保护做出贡献者、生态破坏的受损者、生态治理过程中的受害者和减少生态破坏者。

4. 生态补偿的类型

生态补偿的类型主要有以下几类:

一是对生态环境本身恢复或者破坏成本进行的补偿。比如《关于西部大开发中加强建设项目环境保护管理的若干意见》(环发〔2001〕4 号)文件规定对重要生态用地要"占一补一"。国土资源部 2008 年 9 月下发的《关于进一步加强土地整理复垦开发工作的通知》规定,从 2009 年起,除了国家的重大工程能够暂缓执行以外,非农建设用地全面实施"先补后占"政策。再比如,根据美国纽约市与上游地区的清洁水支付机制,纽约 90% 的饮用水来源于上游的卡茨基尔河和特拉华河。纽约市政府采取税收、公债和信托基金等方式筹集补偿资金来弥补上游地区的农场主,使他们注意保护环境,采取环境友好型生产方式,进而改善了水质。补偿的资金可以满足农场主的要求,而且远低于纽约新建净化水设施的成本。所以,生态补偿达到了双赢。

二是通过经济措施把经济效益外部性转变为内部化。比如德国联邦政府针对历史遗留的矿区环境问题成立了一些矿山复垦公司,从事矿山环境的恢复工作。相关复垦工作所需要的资金依照"政府 75% +州政府 25%"的比例分担[39]。对新开发矿区,政府要求矿主提交矿区的复垦方案与措施;矿区都需要提前预留复垦的专项基金,具体比例按照矿区年利润的 3% 预留。除此之外,矿区所占用的草地或者森林,都需要在异地等面积补偿。

三是对区域或者个人自觉从事环境保护和生态相关投入或者放弃某些发展机会进行的经济补偿。例如法国的矿泉水公司毕雷威泰尔公司为了保证其天然矿物质水水源的质量,对附近流域内的奶牛场进行补偿,使附近牧民减少放牧喂养方式的奶牛场、改进牲畜粪便处理方式、放弃使用农业化学品等,从而保护水源。

四是对具有重大生态价值的区域或对象进行保护性投入。比如墨西哥对森林生态系统保护进行补偿。墨西哥是北美洲荒漠化比较严重的国家。为防止荒漠化进一步扩展,墨西哥政府 2003 年以后开始就森林保护进行补偿,对重大生态价值区域的具体补偿标准是每年每公顷 40 美元[40]。

五是横向生态补偿(horizontal ecological compensation,HEC)。横向生态补偿制度框架,需要对横向生态补偿中的"谁来补、补给谁、补多少、如何补、如何管"等核心内容做出规则性安排。目前,在不具有行政隶属关系的受益与受损主体之间开展的补偿,通过经济发达地区向欠发达或贫困地区转移一部分财政资金,在生态关系密切的区域或流域建立起生态服务的市场交换关系,从而使生态服务的外部效应内部化。横向生态补偿主要用于主体相对较少的流域生态补偿、调水工程生态补偿和矿产资源开发生态补偿等类型①。

5. 生态补偿的方式

目前,生态补偿的投入主要以政府为主,市场作为补充。根据生态保护的权责关系,可以设立"生态补偿与生态建设基金",融资渠道既可以是政府财政资金,也可以是社会资金。对于一些受益范围广、利益主体不清晰的生态服务公共产品,应以政府公共财政资金补偿为主;对于生态利益主体、生态破坏责任关系很清晰的,引入市场机制,直接要求受益者或破坏者付费补偿[23]。具体实施中,综合运用以下几种生态补偿方式:一是政策补偿。生态效益受益地要制定有关政策来作为对生态效益产出地实施补偿的制度保障。二是资金补偿。生态效益受益地对生

---

① 中共中央、国务院:《生态文明体制改革总体方案》,中发〔2015〕25 号,2015 年 9 月 23 日。

态效益产出地实施财政转移支付。三是智力补偿。补偿者开展智力服务,提供无偿技术咨询和指导,培养受补偿地区或群体的技术人才和管理人才,输送各类专业人才,提高受补偿者生产技能、技术含量和管理组织水平。总之,在生态补偿的工作中,要做好分类补偿与综合补偿,加强各种补偿方式之间的相互匹配与组合,实现生态补偿方式多元化[41]。

6. 生态补偿的标准

生态补偿标准是生态补偿的核心问题,会直接影响补偿的效果。①按照补偿标准是否为法定,生态补偿标准可分为法定补偿标准和协定标准。法定标准是法律明确规定,不允许单方或双方提高或降低的补偿标准,而协定标准则可以由双方协商确定。②按照补偿标准的性质,可分为恢复和保护价值型标准、出让型标准、激励(约束)型标准。目前的生态补偿标准,一般以恢复和保护价值型为主,出让型、激励(约束)型为辅;以补偿经济价值为主、补偿生态价值为辅。现在,国内外主要依据生态系统服务价值评估,作为补偿标准的依据,主要采取机会成本法、市场价格法、影子工程法、碳税法、造林成本法等,对森林、湿地等生态系统的服务价值进行评估,据此对退耕还林、退耕还草、退田还湖、移民搬迁等行为确定补偿的额度。从我国现实情况来看,补偿标准的上下限、补偿等级划分、等级幅度选择等,取决于损失量、补偿期限以及道德习惯等因素。因此,补偿标准应在经济发展程度与生态效益的需求之间寻求平衡点[42]。

7. 生态补偿与区域协调发展

在我国,生态补偿和区域协调发展一直是一个问题的两个方面。我国的一些重点生态功能区分布在山区或是少数民族地区,这些地区的生态环境要么保存状况较好,是原始生态区,需要保护与禁止开发;要么已经遭到比较严重的破坏,需要进行生态修复,既要加大生态保护投入,又要改变开发方式。因此,在进行生态补偿的同时,需要解决民生改善和区域协调发展问题[43]。这一问题突出地表现在禁止开发、限制开发区上。这两类区域，由于承担了维护全国性、区域性、地方性生态安全的重要责任，是生态补偿的主要对象；同时，又是经济欠发达地区，是区域协调发展中相关政策的重点扶持对象。从目前情况来看，实现这两种政策有机结合的最好办法，就是把生态补偿资金转化为转移支付资金，在计算时，以生态服务价值为依据，综合考虑各项因素；在使用时，纳入地方政府的可用财力，不指定具体的用途，既可用于生态保护，也可用于弥补损失的发展机会成本，从而实现扶贫、民生改善和区域发展多种政策目标①。

（三）生态补偿的总体框架

构建生态补偿的总体框架，应当符合国家和地区的具体要求，结合现有工作进行全面考虑。补偿的主体，可依照责任范围来划分。一般情况下，由中央政府来重点解决大面积的草地、湿地、森林等重要的生态功能区与国家级的自然保护区等一些生态系统服务补偿；主要由中央政府与利益相关者一起解决开发矿产资源和中型跨省流域的生态补偿机制问题；由地方政府建立城市水源与所管辖区域的小流域生态补偿机制，并与中央政府合作建立中型跨省流域生态补偿机制问题[23]。对于跨区域和重要的生态功能区生态补偿问题，需对流域生态补偿和生态系统服务的各要素进行整合，并根据不同区域特点与生态系统服务功能综合进行考虑[42]。为此，国家应建立一个具有战略性的生态补偿总体框架，内容包括分析框架、关键问题和重点领域。

1. 生态补偿的分析框架

从宏观尺度来看，生态补偿问题可分为国际生态补偿问题和国内生态补偿问题。国际生态补偿问题包括诸如全球森林和生物多样性保护、

①中共中央、国务院：《中共中央 国务院关于打赢脱贫攻坚战的决定》，中发〔2015〕34 号，2015年 11 月 29 日。

污染转移(产业、产品和污染物)和跨国界水资源等引发的生态补偿问题;国内补偿则包括流域补偿、生态系统服务补偿、重点生态功能区补偿和资源开发补偿等几个方面(见表2-1)。

表2-1 生态补偿的分析框架

地区范围	补偿分类	补偿内容	补偿方式
国际补偿	全球、区域性的生态和环境问题	全球森林和生物多样性保护、污染转移、温室气体排放、跨界河流等	多边协议下的全球购买 区域或双边协议下的补偿 全球性、区域性的市场交易
国内补偿	流域补偿	大流域上下游间的补偿 跨省界的中型流域的补偿 地方行政辖区的小流域补偿	地方政府协调 财政转移支付 市场交易
	生态系统服务补偿	森林生态补偿 草地生态补偿 湿地生态补偿 自然保护区补偿 海洋生态系统 农业生态系统	国家(公共)补偿财政转移支付 生态补偿基金 市场交易 企业与个人参与
	重点生态功能区补偿	水源涵养区 生物多样性保护区 防风固沙、土壤保持区 调蓄防洪区	中央、地方(公共)补偿 NGO(非政府组织)捐赠 私人企业参与
	资源开发补偿	土地复垦 植被修复	受益者付费 破坏者负担 开发者负担

资料来源:中国21世纪议程管理中心可持续发展战略研究组.生态补偿:国际经验与中国实践[M].北京:社会科学文献出版社,2007:13-16.

2. 生态补偿的关键问题

生态补偿就是使用者向生态系统服务的提供者付费,通过市场价值的持续转化,逐渐将生态系统服务转变为市场价值,从而源源不断地向生态系统服务参与者提供激励的机制。根据生态补偿的定义和内涵，我们很容易发现生态补偿项目实施中的三个关键问题，即理解自然过程，明确生态系统服务数量；确定提供者与购买者，向服务使用者收取费用，向服务提供者付费；生态补偿机制的构建和运作。这三个关键问题可以简单理解为，首先对生态系统服务量进行量化使其具有可交易的商品属性，其次找到生态系统服务的提供者和购买者，最后促成生态系统服务的可计价交易机制。其中，后面两部分可理解为买卖合同的签订和履行过程。

(1)理解自然的过程

理解自然的过程，就是要明确生态补偿的类型与数量。国际环境与发展研究所(IIED)对全球 65 个国家的 287 例生态补偿案例进行了归类和总结，发现这些交易可分为 4 种生态服务类型：保护生物多样性、保护流域水资源、土壤与景观文化、碳储存。其中，碳储存交易有 75 例，保护生物多样性交易有 72 例，土壤与景观文化交易有 51 例，保护流域水资源交易有 61 例，此外还有"综合服务"交易 28 例。

在具体的操作过程中，因为想要准确地测量生态系统服务数量是很困难的，所以目前多数采用土地的利用类型代替生态系统服务的类型[23]。对生物多样性保护来说，保护和恢复原始栖息地可以提供积极的效果，但提供的生物多样性数量较难统计。景观的价值主要是通过人的感觉来决定的，并不需要科学监测。但是对很多项目来说，尚不清楚生态补偿项目是否促成了恰当的土地利用，如在厄瓜多尔的 Pimampiro 流域保护项目和 Los Negros 的生物多样性保护项目中，其土地利用和人们关注的生态系统服务之间的生物物理联系就没有得到很好的监测和评估。当前世界上的许多生态系统服务补偿，都是建立在土地能够提供所有期望中的生态系统服务这一假设上的。由于缺乏土地利用和生态系统服务之间的评估，有的时候，生态系统服务补偿项目可能造成土地利用的错误，比如在严重缺水的地区鼓励扩大森林的覆盖面积，这就是很不切实际的。

虽然很多情况下,并不完全清楚土地的利用同生态系统所提供服务之间的关联,但是这只说明生态系统服务补偿缺少严谨的理论基础,不能因为这个就完全否定生态系统服务补偿项目[44]。比如对接近自然状态的景观,尽管目前提供的生态系统服务还是令人满意的,如果基于可持续发展的谨慎性原则将其保护起来——尤其禁止在该种景观上进行有负面作用的土地利用,就是一种非常恰当的选择,因为对该景观的保护成本要远远低于未来的恢复成本。哥斯达黎加水服务的项目中,很多水服务使用者就是基于这种逻辑支付费用。同时,尽管土地利用和生态系统服务之间的关系并不完全清楚或确定,但土地利用和某些生态系统服务之间的关系是清楚的,并且很容易确定。如在水服务的生态补偿项目中,使用者可能并不是期望一种通常意义的水服务,他们可能只是担心泥沙沉积问题,而不是关心水服务中的污染物。

(2)确定提供者与购买者

生态补偿的第二个关键问题,就是确定生态系统服务的提供者与购买者。潜在的生态系统服务提供者是那些可以保证分送生态系统服务的人。例如,流域上中游的土地使用活动通过侵蚀、蒸发、渗透与其他过程来影响下游的水资源。通常情况下,这意味着土地所有者是潜在的生态系统服务提供者,大量的生态补偿项目针对的都是私人土地所有者。要注意的是,政府也是土地所有者,因此生态补偿项目也可以把保护区等公共土地作为目标[45]。其他情形下,对土地享有产权或享有使用权和管理权的社区也能成为生态系统服务的提供者。当然这时候又引起了一个新的问题,生态补偿项目如何跨社区分配。无论谁是生态系统服务的提供者,生态补偿项目在设计的过程中都要寻找更低成本的服务提供者。

购买者主要分为两类:一类是生态系统服务真正的使用者;另一类是生态系统服务的使用者代表(如国际公司、非政府组织、政府等)[1]。

在使用者付费的生态系统服务项目中,真正的服务使用者就是购买者。例如水电站向上游土地使用者支付费用来确保水资源的质量,这就是流域生态补偿的使用者购买。在政府付费的生态系统服务项目中,代表服务使用者的政府或者第三方是购买者,如我国退耕还林(草)工程的购买者为中央政府。由于购买者并不是生态系统服务的直接使用者,他们很难掌握关于生态系统服务供给的第一手信息,通常也不能观测生态系统服务的供给情况。当然他们也没有直接的动机确保项目高效地运行。有的时候,政府付费的生态补偿项目的资金并不是使用政府的财政预算,而是向生态系统服务的使用者强制性收费得来的。这种情况下就存在一个类型划分问题,这种项目到底属于使用者付费还是政府付费?判断这种项目的类型,需要看谁是真正的决策者[46]。如墨西哥的水文环境服务付费项目的资金来源是水服务使用者的水费,但水使用者没有参与决策,所有的项目设计都是政府做出的,水费是强制征收的,即使水使用者没有得到期望的水服务,他们也不能拒绝缴纳这部分水费,因此这个项目属于政府付费,使用者付费与政府付费的主要区别不在于看谁付费,而在于谁有决策的权利。

(3)生态补偿机制的构建和运作

生态补偿机制是以保护生态环境、促进人与自然和谐为目的,根据生态系统服务功能、生态保护成本、发展机会成本等因素,通过补偿主体与客体的界定、生态保护与建设资金的筹措使用、生态价值的测算与评估,综合运用行政和市场手段,调整生态环境保护与建设相关各方之间利益关系的制度安排和运行方式。生态补偿机制是在特定的环境、经济、社会和政治背景中开发出来的,究竟是生态系统服务的购买者、提供者,还是第三方首先产生实施生态补偿项目的动机,对于生态补偿项目的设计有着深远影响[23]。附加目标如扶贫、区域发展、改善管理等,不管是否明确,对项目设计也有明显的影响。有些项目是从头起步的,有些项目是建立在其他计划的基础上的,而其他计划最初可能针对不同的目标。相关的问题是:先引入生态补偿机制然后逐步完善,还是开始时就仔细设计？目前我国很多省份开展的生态补偿研究采用的方式是开始时仔细设计。

　　生态补偿机制的核心是支付系统。支付是在确认生态系统服务存在的基础上发生的，并且能确定一个底线情景，基于此测量因生态补偿项目而增加的环境收益。这需要理解因果路径（过程），识别空间范围和分布（格局），开发容易识别和监测的替代指标，尽管简单但能有效并相对精确地测量所提供的生态补偿。在理论上，支付应当直接扎根于所提供的服务。但实际上，由于土地所有者并不能观测到自己所提供的生态系统服务，所以这种基于服务的支付往往是不可行的。大部分生态补偿项目在支付时都是以投入为衡量标准的，如土地所有者是否采用了某种具体的土地利用方式，支付时以面积为衡量标准（如每公顷支付多少），或以其他指标为衡量标准，如植树的多少、树的存活率等。

　　生态补偿项目通常按监控内容的差异可分为两类：一类是生态系统服务提供者有没有按照合同的约定进行土地利用；另一类是这些土地有没有产生生态系统服务。当然，在实践中许多生态补偿项目并没有监测土地的利用情况[47]。几乎在所有的生态补偿项目中，生态补偿都是通过对采用具体土地利用方式的提供者付费起作用的，这些土地利用方式被认为是能产生期望的生态系统服务。土地利用方式除了对生态系统服务的供给有影响外，显然还具有社会经济影响。如将森林保护起来而不是转化为农业用地，这会减少当地劳动力的需求，而采用更集约的方式开发原本退化的森林牧场将增加劳动力的需求。正是因为土地利用方式变化的影响是多重的，很多生态补偿项目（尤其是政府购买的生态补偿项目）都带有促进区域经济发展和缓解贫困等副目标[48]。

3. 生态补偿的重点领域

　　根据上面生态补偿的分析框架和关键问题，对流域、矿产、森林和自然保护区等生态补偿重点领域的研究分为以下几部分：主体确定、补偿方式、补偿资金来源、补偿标准确定等（见表 2－2）。

表2-2　各类型区域生态补偿的重点领域

内容	流域	矿产	森林	自然保护区
主体确定	从利用流域水资源中受益的地区和群体；生活或生产过程中向外界排放污染物，影响流域水量和流域水质的个人或单位	废弃矿区和老矿区已造成的生态环境污染，通过建立废弃矿山生态环境恢复治理基金的方法由国家治理；新矿区造成的破坏由企业负责	对森林资源进行保育的政府、单位和个人；受益于森林生态效益、从事生产经营活动的单位和个人；破坏森林资源的企业和个人	政府购买保护区的生态服务；保护前提下的有限开发，由生产经营的单位或个人支付
补偿方式	政府搭台，由利益相关者进行协商，行政区域内部协商，采用公共支付、一对一交易、实物补偿、政策补偿、智力补偿、生态标记等	现金补偿和修复治理	重大工程的转移支付、减免税收、移民补贴、市场贸易、生态标记等	政府购买、国家财政支付转移、政策优惠、税收减免、发放补贴、设立自然保护区生态补偿专项基金、项目补偿、国际支持
补偿资金来源	征收流域生态补偿税、建立流域生态补偿基金、实行信贷优惠、引进国外资金和项目等	矿山生态环境恢复治理基金的主要来源是政府财政拨款，以及向正在生产的矿山征收的"废弃矿山生态环境补偿费"、生态环境修复保证金	政府对已有森林生态工程投入的延续性及支付强度增加；增设生态建设与环境保护专项规划；培育发展森林生态效益补偿多元化融资渠道；建立"生态税"制度	属公益事业，以财政投入为主，同时积极开拓社会筹资渠道

内容	流域	矿产	森林	自然保护区
补偿标准确定	以上游地区的直接投入、上游地区丧失的发展机会的损失、上游地区新建流域水环境保护设施及受惠地区所接受的水量与水质等为依据	以生态环境修复的成本为依据	按照新造林及现有林两类森林,补偿标准应考虑造林和营林的直接投入、为了保护森林生态功能而放弃经济发展的机会成本和森林生态系统服务功能的效益	基于生态系统服务价值评估确定;基于保护成本确定;基于因保护而造成的损失确定

资料来源:中国生态补偿机制与政策研究课题组.中国生态补偿机制与政策研究[M].北京:科学出版社,2007:36-39.

(1)流域的生态补偿[49]

流域是以江湖水系作为纽带,由流域内的水资源,陆生、水生生物群落及其生存环境,以及人类社会所组成的综合系统。它为人类发展提供水源供给、气候调节、营养物质循环、废水净化、物质生产、美学享受、灾害控制等多种生态系统服务。水资源条件是决定流域水生态状况的重要因素。由于人口增长和经济发展对水资源的需求不断增加,加之人们过度开发水资源、大量排放污水等行为,导致了水资源短缺、地下水位下降、湿地面积萎缩、水体富营养化等水环境问题。多年以来,为了保护流域生态环境的质量,保证水资源的使用安全,促进水资源的永续使用,很多流域投入了大量人力、物力、财力进行流域范围内生态环境治理,其中就有生态补偿项目。

流域生态补偿涉及水文与水资源学、生态学、资源与环境经济学、环境水力学、管理学、法学等多学科,众多的学者从不同视角出发,研究了生态补偿的内涵与概念。流域生态补偿是指在流域内进行生态保护与建设活动的行为人,根据其投资、收益、破坏情况,分别得到成本补偿、生态费用支付、承担修复和赔偿责任的生态补偿机制。此概念可以分解为两个部分:第一种是使流域内生态遭到破坏或因此对他人造成利益损害的行为人承担修复或者补偿责任;第二种是流域内生态环境的受益者,对进行生态保护的行为人按照其投入成本和受益者的受益比例进行补偿[42]。

流域生态补偿机制的总体设计思路包括:第一,确定对流域补偿的尺度;第二,确定利益相关者在流域内的主要责任,按照上级环境保护部门的要求,具体达成流域内环境保护协议,界定在流域范围内的行政交界之处水资源的质量要求,按照水资源质量情况进行补偿或者赔偿;第三,根据上游投资所产生的生态保护成本与损失量来确定流域生态补偿的标准;第四,协商确定合适的生态补偿方式;第五,制定流域的生态补偿执行政策[25]。

应当按以下三个方面确定补偿标准:第一,直接投资,依据上游地区为了保护水资源所付出的直接投入,包括上游地区为涵养水资源、整治环境污染、治理农业化学污染、修建城市污水设施、建设水利设施等的投资;第二,发展机会的丧失,根据上游地区为了水资源达到标准失去的发展机会,包括安置移民所产生的投入、节约用水所发生的投入和限制工业发展所受到的损失等;第三,上游地区因未来要进一步保护水资源、改善生态环境而建设保护设施、实施环境污染整治工程、修建水利设施等方面的投入,也应该由下游地区按照水资源的质量给予相应的补偿。

(2)矿产资源的生态补偿[50]

矿产资源是工业生产、农业活动以及经济社会发展过程中的重要物质要素和前提条件,它也是社会财富积累的最重要源泉之一。开发利用矿产资源一方面对经济社会的发展产生了很大的推动力,另一方面也对生态环境产生了一定的负面作用。如何保护生态环境,促进矿区可持续发展,修复遭到破坏的矿区环境,这是我国的一项重要课题。

企业对环境破坏的补偿方式有两种:一是修复治理,二是现金补偿。

修复治理是指矿山企业有义务与责任,把由于采矿所造成损害的环境恢复如初,这就包括企业的修复治理和政府所组织的大型治理工程两种具体方式;现金补偿是指由于开采煤炭所造成的直接损害,例如占用耕地、安置人员和损害地上附着物等易于明确受害者情况的,给予受害者直接的现金补偿[23]。

(3)森林的生态补偿[42]

从我国森林开发的实际情形来看,人们对森林生态效益补偿概念的理解是不尽相同的。广义而言,森林生态效益补偿包括对保护森林生态环境的行为的补偿,以及对具有重要的生态系统服务价值的对象或区域的保护投资。由于以往没有对森林进行有效保护,对森林生态系统建设与保护在此层次内的投入都是一种补偿。

中央的森林生态系统服务补偿基金是指对保护重点公益林的管理者发生的保护、管理、抚育和营造活动的付出进行补助的专门资金[44]。这一补偿基金的成立结束了我国长期以来对森林生态系统服务的无偿使用,从而开启了有偿使用森林生态系统服务的一个新阶段。

森林生态效益补偿的提出由来已久。近几年,随着人类对可持续发展的需求不断增加,人们对森林的要求发生了很大变化,从原来的主要提供木材与林产品,转为不仅提供木材和林产品,还要兼顾森林的可持续发展与森林的生态保护,这就使得森林开发面临着全新的一个局面[46]。所以,建立森林的生态系统服务补偿制度被提上了重要的议事日程。森林为人类生存提供了一个空气清新、风景优美、水源清洁的美好环境,在建设和谐社会、提高人民生活水平等方面发挥着不可替代的作用。因此,无论是从实践中建构,还是在理论上研究,森林生态效益补偿机制的建构都是非常必要的。

(4)自然保护区的生态补偿[51]

通过对江西省鄱阳湖的湿地保护区、海南省森林自然保护区与内蒙古草原自然保护区的分析和调研,尤其是结合分析保护成本和调查受偿意愿等情况,得出江西省鄱阳湖的湿地保护区居民退田还湖生态补偿标准具体为每公顷 11250 元;海南省森林自然保护区周围的种植区域实施退耕的生态补偿标准具体为每公顷 8250 元;内蒙古草原自然保护区对牧民休牧的生态补偿标准具体为每户 8000 元[46]。

我国人口众多,人均资源占有率很低,面对快速发展的经济,生态环境有着很大的压力。水资源耗竭、沙漠化、植被破坏、生物资源利用过度、生物入侵等问题,造成了我国生物多样性面临很大的危机,濒危物种的种类也在不断增加。因此,积极进行自然保护区建设是恢复生态系统服务功能与保护生物多样性最主要的途径之一[1]。如何利用经济手段和相应的政策措施来协调经济发展和环境保护之间的关系,是当前管理自然保护区所面临的十分重要的问题。

(四)国内外生态补偿的实践

国家层面实施的生态补偿、地方自主性的探索实践以及国际生态补偿市场交易等方面所开展的实践工作,主要还是通过征收生态补偿税费来保证生态保护和建设的资金需求。因此我们通过借鉴国内外政策实践和不同模式的经验,为"三江并流"区域建立生态补偿机制提供参考。

1. 国外生态补偿

在国外,"生态补偿"的概念是在环境生态系统与生物多样性的背景下提出的,往往指的是为"生态多样性"进行"服务付费"的过程。"生态服务付费"概念在国外是一个狭义的"生态补偿"理解,它是建立在"支付"行为的基础上的。外国学者对生态系统服务的付费制订了五项规则[52]:①生态系统服务补偿项目为自愿交易;②明确界定生态系统服务的定义;③至少有一个生态系统服务提供者;④至少有一个生态系统服务购买者;⑤生态系统服务提供者可以保证提供服务。

从简单的五项规则可知:①生态补偿是一种自愿的、可协商的框架,这与传统的命令控制型方式存在明显差异。这也暗示潜在的生态系统服务提供者具有真正的土地利用选择权,但通常实际情况并非如此,很多生态系统服务的提供者并没有真正的土地利用选择权,这种情况在发展中国家尤其明显。②在市场上进行买卖的生态系统服务必须有明确的定义,是一种可直接测量的服务,或可能提供这种服务的地域范围。这里可能隐含着很多科学上的不确定性,实际上很多生态补偿项目都是凭感觉设计的,科学上缺乏严谨性。因此,生态系统服务的低效率供给,可能会降低生态补偿项目的稳定性和可持续性。③生态补偿项目至少有一个买者和一个卖者,有些生态补偿的交易是通过中间人发生的[53]。如何确定买者和卖者是生态补偿项目设计过程中无法回避的一个问题,尤其是卖者的确定,是目前生态补偿理论研究中的一个关键问题。④生态系统服务使用者付费是有条件的,也就是只有生态系统服务的供给者在保证生态系统服务供应的条件下,使用者才会付费。因而使用者需要对生态系统服务提供者的履约情况进行监督。

(1)英国农业环境补偿计划

1986 年,在英国开展的环境敏感区(ESA)计划是欧盟(EU)的第一个农业环境项目。该计划最初成立于 1986 年,起初主要关注诺福克郡 Halvergate 湿地的生态问题[54]。20 世纪 80 年代初期,Halvergate 湿地周边的农民对该湿地进行了开垦,排出湿地中的水,将原有的湿地改造成耕地和牧场,通过扩大种植业和放牧增加收入。湿地面积的减少和农药、化肥的大量使用对当地的湿地生态系统造成了极大破坏,直接影响到当地及周边居民的正常生活。在此背景下,1986 年当地政府开展了湖区放牧湿地转换计划(ESA 计划的前身),这个计划为减少载畜量和减少使用农药、化肥的农民提供统一补偿。Halvergate 湿地及周边的5000 公顷土地被指定为补偿保护区域,90% 的农民自愿参加了计划。该计划的实施使得 Halvergate 湿地及周边环境得到了极大的改善。鉴于良好的环境治理效果,这一模式得以在整个英国推广,计划的范围逐步扩大,政府依据评估先后确定了 43 个补偿保护区,其中有 22 个保护区位于英格兰境内,总面积占到了英格兰农业耕种面积的 14％以上[52]。同时,该项目的管理方式被简化,采取中央强制执行政策,有效提高了项目的执行效率。

在 ESA 计划背景下,政府尝试购买的环境服务项目主要包括改善鸟类栖息环境、维持多样性(如丰富草地种类)和保护景观文化等[55]。ESA 计划是政府管理的纳税人基金资助项目,资金来自欧盟和英国政府,其支付比例各占一半。在 ESA 计划中,农民参加了按年支付补偿的 10 年自愿管理协议。截至 2003 年底,全英格兰共签订 ESA 计划土地补偿保护协议 12445 份,覆盖农业用地面积超过 640000 公顷。随着参与人数的不断增加,ESA 计划向农户支付的补偿金也在逐年递增,2003 年计划支付的补偿金已经达到了 5300 万英镑,其中:600 万英镑用于退耕还草;2200 万英镑用于天然草地、牧场和其他类型草地的管理;800 万英镑用于管理沼地;约 370 万英镑用于建立和维持草地边缘种植。此外,ESA 计划还单独划拨资金用于资助篱笆种植、石墙恢复等传统农业和建造业,恢复传统英国乡村景观。

在确保生态系统服务供给方面,政府与参与的农户签订保证提供相应生态系统服务的合约。这些合约具有经济约束措施,即若农民出现了违背合约的行为就会受到经济处罚。违背合约的最轻处罚是警告,其他处罚包括终止合约和收回以前支付的所有款额等。除了遵守合约之外,在英格兰参与 ESA 计划的农户还要接受政府的"关心和支持"考察,虽然这些考察并不具有惩罚性,但如果发现农户有违反合约的嫌疑,他们也会报告补偿机构做进一步调查[40]。

(2)美国土地保护和储备计划

美国实施生态补偿政策有着悠久的历史,在 20 世纪 30 年代,因为受沙尘暴、干旱以及经济衰退影响,美国开始通过自愿支付方式鼓励农民开展水土保持与改善环境工作。通过支持政策,从实施到 20 世纪 90

年代初,农业生产的环境损害得到了缓解和改善。虽然近几年来,补偿的内容与类别进行了很大扩展,但美国的生态补偿重点还是与农业有关的生态环境,例如休耕、土壤保护等;进行生态补偿的形式仍然主要是农业的环境政策,土地休耕是政府关注的重点问题。

美国实施的生态补偿政策往往和农产品的价格波动关系密切。农产品的价格低迷,政府就开始进行土地休耕。1936—1942 年,也就是美国经济大萧条后期,美国的农业调整法案进行农业补偿付费,使每年约 1620 万公顷的土地开始休耕。同样因为农产品的价格下降,1956—1972 年进行土地开发整理项目。1985 年,即美国经济大萧条中期,进行土地保护储备计划(CRP)。CRP 最初主要关注土壤侵蚀和生产力问题,随着人们对生态系统服务认识的加深和对生态系统服务需求的不断加大,CRP 也逐渐演变成改进环境效益的多目标计划[16]。CRP 的主要实施内容是:政府与农户签订合同,由政府提供 10-15 年的补贴,以此换取农户对土地的休耕和植被恢复。生产者获得的补贴主要包括由他们自己竞标决定的年度补贴和政府分担的土地植被恢复(通常为种草和树木)建设的成本补贴[17]。政府的成本补贴并不是在合同签订伊始就进行发放,而是要等到农户进行土地植被恢复,恢复程度达到合同目标时才发放成本补贴,这有效地促进了农户对土地植被的恢复和保护,大大降低了已恢复植被再次被破坏的风险。

CRP 对参与者的选取具有较为严格的标准。CRP 申请土地须满足两点:第一,土地拥有农作物种植的历史;第二,容易被破坏,即在国家或者州的专用湿地恢复区、保护缓冲区、河岸缓冲区或者优先保护区。在此基础上,CRP 中的土地还要经过环境效益指标(EBI)严格筛选。EBI 是指包含宽泛的成本指标与环境指标的综合指标系统,是美国政府生态补偿计划对补偿对象进行确定的核心评价系统,只有通过 EBI 指标体系分析、具有生态恢复价值的备选土地才能最终参与到 CRP 当中,获得政府的补偿合同。这些严格的筛选措施也进一步确保了 CRP 的有效性[53]。

2005 年底,已经登记参与 CRP 的土地面积已经达到了 0.145 亿公顷,美国政府计划将参与这一计划的土地总面积控制在 0.159 亿公顷以内,以便控制、管理。美国政府也为这项计划投入了大量的资金,仅 1995 年就投放了 18 亿美元的资助,而且近年来这一数额还在不断增长。

(3)纽约流域保护计划

纽约是世界闻名的大都市,有超过 1000 万的人口,饮用水安全问题一直是纽约市政府关心的重要问题。1832 年纽约就曾因饮用水污染引发大规模霍乱,导致数千人死亡。1993 年临近密歇根湖的密尔沃基市水源污染导致隐孢子虫肆虐所造成的严重后果(约 40 余万人受到感染,103 人丧生),更是为这座大都市敲响了警钟[40]。鉴于纽约的饮用水状况,美国环境保护署要求纽约建造一个与其人口规模相适应的城市用水过滤系统。按照当时的估算,该系统的建造需要 60 亿至 80 亿美元,同时每年还要花费 3 亿到 5 亿美元来维持其正常运转。这些开支意味着纽约市的财政面临灾难性的挑战。在高额的建造费用和市民的饮水健康这一矛盾面前,纽约市政府另辟蹊径,通过与美国联邦政府长时间的协商,最终达成协议,于 1997 年试运行可永远保证水质的流域保护计划,以代替兴建城市用水过滤系统。纽约市政府为此投资近 15 亿美元用来保护其北部流域的自然环境,具体措施包括出资购买大面积的土地作为缓冲带、对上游现有的植被资源进行全面保护等[56]。作为交换,美国环境保护署决定试运行期为 5 年,如果 5 年后流域保护计划无法将纽约市饮用水的标准提高到所要求的水平,则纽约市仍需要继续兴建城市用水过滤系统。

最终的效果令参与这一流域保护计划的人们感到欣慰,纽约市政府在北部地区构建了一个完美的自然过滤系统,这一系统包括 52 万公顷种满庄稼的山谷和披着绿装的高山,山谷和农田都被蜿蜒的小溪所连接,这些小溪最终注入由 19 个水库组成的更大的系统,这一天然的过滤系统每天能为纽约市提供超过 800 万吨健康的饮用水[52]。这一流域保护计划最终为纽约市完美地解决了城市饮用水净化问题,还为政府节约了超过 40 亿美元的财政支出,使之成为其他州解决城市用水净化问题的范例。纽约市的流域保护计划相较其之前的生态补偿项目具有可以准确测量的生态系统服务、明确的付费标准和可量化的正外部效应,因此许多学者将纽约市流域保护计划的实施视为生态补偿政策实践的新起点。

(4)南非水工作计划

南非地处非洲大陆南端,广袤的国土和多样的生态环境为动植物的生长、繁殖提供了良好的环境。该国景观和生物具有多样性,境内植物物种占全球总植物物种数的 10%,爬行类和鸟类的物种数占全球总数的 7%;海岸线生物物种数更是占全球总数的 15%。伴随贫困的加剧以及工业与农业对土地需求的增加,动植物的生活环境以及生物多样性日益受到威胁[55]。气候变化进一步加剧了这些压力,特别是对水资源的影响。南非是一个水资源极度短缺的国家,年人均可利用的水资源仅 500 立方米左右,而且由于地下水资源有限,人们所能利用的绝大多数水资源是由邻国输入的地表水。人类的过度开发和生物入侵导致的植被破坏使得缺水问题雪上加霜。水资源短缺已经成为限制南非经济发展和生态保护的最重要因素。在这样的背景下,南非政府于 1995 年启动了水工作计划。

水工作计划通过向水资源使用者收取水税和水资源管理费来筹集资金。之后由国家进行统一预算,对划定的保护区域(南非境内的高产水区)进行专项拨款,对保护区域内的外来入侵植物进行治理,重建区内原有植物生态系统,以恢复区内的自然防御机制、土地的潜在生产力以及生物多样性,同时确保水文系统的正常运作。此外,水工作计划的实施还有另一个目标就是消除贫困,通过国家的统一划拨对当地的贫困农户进行资助,并帮助他们建立有效的可持续生计,这一举措降低了当地住户为了生计破坏当地植被的风险,进一步巩固了水工作计划在当地恢复植被、确保水文系统正常运行的工作[25]。把生态系统恢复和消除贫困作为工作目标是该计划有别于其他国家生态补偿项目的一大特色。两个目标相辅相成,计划的实施不但保护了环境,还提高了当地居民的生活水平,达到了双赢的目的。这也为其他发展中国家的生态补偿项目设计提供了很好的范例。

(5)墨西哥森林水文服务补偿计划

20世纪末,墨西哥面临着严峻的环境挑战,其中水资源短缺和森林覆盖率下降是影响最大的两个方面。根据墨西哥国家水利委员会的调查,占该国2/3的188个最为重要的地下水含水系统存在超采行为,同时,另外1/3的地下水含水层在满负荷使用。研究表明,产生这一危机的原因是政府对抽水用电的不适当补贴(每年将近$7×10^8$美元)和未根据水的缺乏程度对水价进行调节。同时,据保守估计,20世纪90年代,墨西哥每年的森林采伐率为1.3%,导致整个国家的森林覆盖率迅速下降。根据国家森林清查数据,墨西哥在2000年时,差不多还拥有$6.3×10^7$公顷的森林,其中有一半是热带雨林。森林消失的主要驱动力来自国家对农业和畜牧业的转换。1993—2000年,大约有$3.1×10^6$公顷的林地转变为农田,有$5.1×10^6$公顷的林地转变为牧场,分别占到了墨西哥国土总面积的2.0%和4.6%。

针对如此严峻的形势,墨西哥联邦政府在治理环境问题时引入了生态补偿概念,于2003年开始实施水文环境服务支付计划,该计划对那些水文意义非常重要但是被其他政策证明是无效的地区采取经济激励政策进行保护[40]。该计划旨在保护森林植被,确保水源涵养。该计划以森林保护状态良好的土地作为保护对象,对土地所有者进行直接补贴。这一计划在保护植被的同时,希望通过直接的经济补偿来缓解林区群众的贫困问题,试图在保护环境和消除贫困之间找到完美的平衡点。经过分析发现,水文环境服务支付计划实施后的直接受益方是水资源的利用者,据此,作为项目的实施方——墨西哥国家水利委员会从联邦政府收取的水费中划拨出一部分资金用于生态补偿项目,通过这样的手段在生态系统服务提供者和购买者之间建立联系。这一项目取得了良好的效果,生态补偿的金额在逐年增加。同时,以此计划为蓝本的其他计划也得到世界银行等机构的支持,逐渐纳入该体系中。

(6)哥斯达黎加流域补偿项目

1996 年哥斯达黎加政府颁布的第 7575 号森林法律,明确地承认了森林生态系统提供的四个环境服务体系:减少温室气体排放;水文服务,包括为人类消费、灌溉和生产活动提供水资源;生物多样性保护;为娱乐和生态旅游提供优美的景色。法律规定条款与农场主就他们土地提供的服务订约,为森林保护设立环境服务支付国家基金[55]。1997 年初,以该法律为基础,哥斯达黎加政府开发了一个详尽的生态补偿计划,哥斯达黎加水电公司流域生态补偿项目就是其中一部分。该项目是由水电公司对上游的植树造林项目给予资助,使用保护植被与种植树木的方法调节河流的径流量,是比较典型的流域生态服务补偿模式。

环境能源公司是哥斯达黎加一家为 4 万人提供电力的私人水电公司,其水源区域是面积 5800 公顷的两个支流域。水源不足问题严重影响着公司的正常运营。为了增加流域径流量,提高发电量,环境能源公司向国家政府基金按照 18 美元每公顷的标准提供资金,国家林业基金在这一基础上投入一定资金,按每公顷 30 美元向上游土地拥有者提供现金,要求土地拥有者将他们的土地用于造林、从事可持续林业生产或者林地保护,相反那些刚刚砍伐过林地的土地拥有者将没有资格获得此项资助。通过这种方法增加上游植被覆盖面积,提高河流径流量,从而进一步提高发电量,增加经济收入,达到经济发展与环境保护双赢的目的[40]。

2. 国内生态补偿

20 世纪 90 年代以后我国开始有关生态补偿的研究工作与实践活动。概括起来主要有三个方面:第一,由中央相关部委推动,以国家政策的形式所进行的生态补偿实践;第二,地方自主开展的一些实践探索;第三,近年来开始尝试的国际市场交易生态补偿的参与。但是,目前的实践工作主要集中在森林、流域和矿产资源生态补偿等方面[13]。

(1)退耕还林(草)工程

乱砍滥伐、水土流失和土地沙化是中国最突出的生态问题,是近年来江河水患频繁、风沙加剧的根源。其中,陡坡种植和过度放牧是造成我国水土流失最直接的原因。为了避免水土流失的加剧,中国政府部门推行了退耕还林的政策,其范围涉及 22 个省市,计划 10 年内实现退耕还林 530 万公顷,植树造林面积 800 万公顷,防治水土流失 3600 万公顷,控制防风固沙 7000 万公顷①。为了达到以上退耕还林目标,国家在资金、物资和扶持政策等方面,都进行了强有力的支持和帮助。2002年,国家还专门制定出台了《退耕还林条例》,明确规定了各部门责任、工程范围、内容和措施等。

下列耕地应当纳入退耕还林规划,并根据生态建设需要和国家财力有计划实施退耕还林:(1)水土流失严重的;(2)沙化、盐碱化、石漠化严重的;(3)生态地位重要、粮食产量低而不稳的。

江河源头及其两侧、湖库周围的陡坡耕地以及水土流失和风沙危害严重等生态地位重要区域的耕地,应当在退耕还林规划中优先安排。

退耕还林的政策就是指国家向农民免费提供粮食和现金补贴。补偿的内容主要由国家向地方政府进行补偿和国家向退耕农民进行补偿两部分组成。国家采用转移支付方式对由于实施退耕还林而财政收入减少的一些地方政府实施补偿;国家还对农户免费提供粮食、种苗与管

---

①中共中央、国务院:《生态文明体制改革总体方案》,中发〔2015〕25 号,2015 年 9 月 23 日。

理费补贴[25]。在实施这个项目的过程中,国家主要实施了"谁退耕、谁造林,谁经营、谁受益"的补偿政策。实行退耕还林之后需要保证退耕农民享有在荒山荒地与退耕土地上进行造林的树木所有权,并且依照法律进行土地用途的变更手续办理,由县级以上的人民政府向农民发放林地的权属证明。农民承包的土地和荒地有造林情况的,合同期限应当延长至 70 年,允许农民依法继承和转让,期满后还可以按照有关法律规定延续合同。

退耕还林工程是我国最有影响的生态建设工程项目,标志着政府已经充分认识了森林植被对我国生态系统的价值,同样标志着我国政府在生态系统服务补偿方面跨出了一大步。

(2)天然林保护工程

实施天然林保护工程,就是要对天然林重新进行区划与再次分类,同时大力转变林业资源的经营方向和方式,保证天然林的资源培育,做到保护与发展双赢,进而从根本上避免生态环境恶化,保持生物多样性,促进经济社会可持续发展,维护和改善生态环境,以满足社会与国家经济发展所产生的对森林产品的需求。项目涉及 901 个县、17 个省(直辖市、自治区),其中有 734 个县和 167 个林业企业(林厂、县林业局)。17 个省(直辖市、自治区)共 0.73 亿公顷天然林分布,占我国天然林 1.07 亿公顷的 68%。

天然林的主要保护措施是实施林场分类经营,也就是对林区商品林基地、一般的生态公益林与重点的生态公益林等分类经营。对于重点的生态公益林要实施严格的保护,通过对商品林的经营来弥补减调公益林采伐量的缺口①。依据国家天然林实施的保护工程的相关安排,积极推行长江上游和黄河中上游天然林保护工程等的重点区域,天然林面积有 0.73 亿公顷,占全国天然林总面积 1.07 亿公顷的 68% 左右,必须在停止开采的基础之上,加快实施黄河中上游、长江上游区域项目区范围内

①中共中央、国务院:《生态文明体制改革总体方案》,中发〔2015〕25 号,2015 年 9 月 23 日。

对荒地荒山进行造林,封山育林实现绿化 367 万公顷,造林 866 万公顷,保证这一区域的森林覆盖率从 17.5％提高到 21.24％左右。

整个项目的总投资额达 1064 亿元,其中财政专门资金的投资占 81.2％,基础建设的投资占 18.8％。基础建设的投资主要用于黄河中上游、长江上游区域飞播造林、封山育林、人工造林与种苗的基本设施建设、预防森林火灾等项目建设;财政专门资金的投资是主要用于职工保险、森林管护费用、公检司法、企业教育、医疗卫生、社会补助等社会性的支持补助,一次性安置补贴富余职工、下岗职工的基本生活补助和地方财政补贴等[17]。还可以对因停采限采造成的还贷困难的企业融资债务予以减免。通过实施天然林保护工程,重点天然林保护区的森林覆盖率得到普遍提高,一些林业企业的困难得到缓解,天然林的生态服务功能得到进一步加强,效果显著。

(3)退牧还草工程

改革开放以来,随着草原和牲畜承包制的实行,我国畜牧产业得到了飞速发展,但由于人口增长过快、大规模开采与超载等问题的影响,草地资源受到了前所未有的破坏。牧区生态环境和自然资源恶化,已直接威胁牧区畜牧业的可持续发展和全国生态安全[9]。

国务院于 2002 年 12 月正式批准 11 省市实行退牧还草的工程,于 2003 年开始,用 5 年的时间,在青藏高原的东部草原、新疆北部的退化草原、内蒙古东部的退化草原与蒙甘宁西部的荒漠草原,首先治理面积 0.67 亿公顷,大约占西部退化严重草原总面积的 40％,退牧还草工程主要是采用休牧、轮牧和禁牧三种方式开展,在退牧还草的实施过程中,国家根据实际情况,对牧民实行粮食和饲料补助。

因为开展退牧还草地区的自然环境和经济社会条件差异很大,因此,实施休牧、轮牧和禁牧过程的具体要求也会有所不同,做法有很大差别,但是都取得了明显的效果。多地出台相应的举措,如甘肃的定西、华池、古浪、环县等地都发出了禁牧令,并且出台了一些鼓励牧民禁牧的政策措施。同时,各地通过草地建设项目的实施也在一定程度上带动了退牧还草工程的发展[25]。并且,各地区还实施了一系列配套措施,改善了牧区的生态环境,使畜牧业得到了快速发展,最终实现了环境保护与经济的共同发展。

从短期来看,退牧还草工程的确给牧民的生活带来了一些冲击,甚至在一定程度上阻碍了生产活动和畜牧业的正常经营。但是从长远来看,此项工程不仅可以促进畜牧业发展的可持续性,而且对保护生态环境起到了巨大的推动作用[9]。在退牧还草过程中,还发现了一些问题,需要逐步改进和完善,对以后实施相关的生态补偿政策,具有很好的借鉴作用。

(4)流域生态补偿

目前我国还没有明确的法律条文有关于跨流域河流污染所造成损害的补偿规定和开发利用水资源的补偿规定。

现行的法律重点规定了水污染赔偿的责任,也就是"谁污染,谁治理"原则。但是对于"谁受益,谁补偿"的生态补偿原则,法律条文还没有具体的体现[53]。《国务院关于落实科学发展观加强环境保护的决定》只是原则性地简单提出了要尽快地建立生态系统补偿机制,指出中央与地方都可以开展生态系统补偿的试点工作。

(5)矿产资源生态补偿

20世纪80年代中期,我国开始对开发矿产资源进行矿产资源税的征收,用来调节资源开发过程的级差收入,促进资源的合理开发。其中所征收的资源税是为了使自然资源的开采更加合理地利用与有效地配置,平衡矿产企业之间的利润,不断调节矿产资源的收益级差,从而创造相对公平的环境。类似这种资源税是为了矿产资源的有偿使用而征收的,不具备矿产资源生态补偿性质。

1994年开始,国务院规定对从事矿产资源的采矿权人征收矿产资源的补偿费。之所以开征矿产资源的补偿费,就是为了调整和保障矿产资源的勘查、保护与合理开发,保护国家的财产权益。矿产资源的补偿费的缴纳对象是采矿权人,经过开采之后而脱离自然的矿产品是缴纳客体,矿产品的收益是缴纳补偿费的基础[25]。矿产资源的补偿费征收之后应当及时上缴国家金库,年终时按照相关规定的分成比例,中央与地方政府之间进行结算[17]。采矿权与探矿权的征收费用与价款应专门用于对矿产资源的勘查。采矿权价款是指国家将采矿的权利出让给他人,并依照规定向其征收的价款。探矿权价款是指国家将探矿的权利出让给他人,并依照规定向其征收的价款。然而,采矿权价款与探矿权价款都是对国家的投资补偿,而不是矿产资源的补偿费用。

(6)江苏省生态补偿政策

江苏省财政厅、林业局 2005 年 12 月 20 日印发《江苏省森林生态效益补偿基金管理办法》,规定补偿的范围是通过国家与省划定的重点生态公益林和水土流失比较严重的地区的灌木林地、灌丛地、疏林地[53]。省级的补偿资金平均标准就是每亩每年 8 元,其中,对于国家级的重点生态公益林具体为省级补助 3 元,国家补助 5 元(补偿资金中的 4.2 元用来补偿支付,0.8 元用来管护支付)。

补偿支付每年每亩 7.2 元(国家级重点公益林由中央财政补助 4.5 元,省级财政补助 2.7 元),主要用来对生态公益林专职管护的管理人员和护林人员的劳务费用、林农补偿的费用、管护区内林木的抚育费用、整地费用和补植苗费用进行支付。管护支付每年每亩 0.8 元(国家级重点公益林由中央财政补助 0.5 元,省级财政补助 0.3 元),用于重点公益林的森林防火、森林病虫害防治、森林资源监测等方面支出。

省级补助资金补助的对象,按照经营管理人、林权的权属、资金的用途来确定。补偿性支出的补助对象有:国有林场或集体林场(含苗圃,下同)投资经营管理的国有林地上的公益林,补助对象为相应的国有林场或集体林场;自然保护区投资经营管理的国有林地上的公益林,补助对象为相应自然保护区;自然保护区内的林权归其他经济主体或个人的公

益林,补助对象为相应的个人与单位;国有生态公益林委托其他人进行
经营管理的,补助对象由双方协商来确定;乡(镇)、村集体所有或投资经
营管理、未分到农户的公益林,补助对象为相应的乡(镇)、村集体经济组
织或直接面向社会公开招聘的护林员;已承包到户经营管理的,补助对
象为承包农户;林农个人所有或投资经营管理的公益林,补助对象为投
资经营管理人;其他行业和个人所有或经营管理的公益林,补助对象为
公益林的具体经营管理单位;未设立专门机构经营管理的国有公益林,
由县级林业主管部门或委托乡镇林业管理机构承担管护的责任,生态公
益林的管护单位为补助对象;公共管理支付的补助对象为从事公益林的
森林防火、森林病虫害防治、森林资源监测等项目的管理和实施单位。

(7)广东省生态补偿政策

广东省财政厅、林业局 2003 年 7 月印发的《广东省生态公益林效益
补偿资金管理办法》中规定,生态公益林补偿资金的使用对象主要是因
为划定为生态公益林而被禁止进行林木采伐从而造成损失的林地经营
者或林木所有者。第一,承包山与责任山是农户情况的,农户为补偿对
象;第二,本身为未承包或未租赁的村集体的林地林木情况的,村委会或
者村民小组为补偿对象;第三,依法签订林地林木租赁或承包合同的情
况的,在合同期限之内,租赁者或承包者为补偿对象;第四,集体、国有的
林场的林地林木划分为公益林情况的,集体、国有林场或其租赁者、承包
者为补偿对象;第五,实行谁种植谁受益政策但是没有同林地的所有者
订立相关合同情况的,补偿对象通过协商确定。

生态公益林的补偿资金划分为两部分:损失性补偿与管护经费。生
态公益林补偿资金的 75% 用来安排损失性补偿费用,确定好补偿对象
之后将直接支付资金。管护经费是指省统筹经费、管理经费和管护人员
费用。生态公益林补偿资金的 4% 用来进行管理经费的支付。行政村、
乡、县分别按照 1%、1.5%、1.5% 的比例进行分配。

国内生态补偿实践除了这些政府付费的项目外,还有其他类型的,

例如使用者付费模式的探索。2000 年 11 月 24 日,浙江省义乌市和东阳市签订了合同,东阳市将其境内的横锦水库 5000 万立方米的水的使用权出让给义乌市,水的成交价格为每立方米 4 元。这样利用市场机制来进行水权的交易,为共享区域资源、区域间的合作进行了有益的研究与探索,也为其他地区进行生态补偿实践提供了宝贵的经验。

3. 国外生态补偿的经验借鉴[56]

(1)制定生态保护法律法规

美国生态补偿的政策渗透于各个行业的单行法中。美国政府认为,影响生态环境保护的一个很重要的因素就是农业,因此农业法案绝大部分内容是就环保问题进行的规定。日本的法律规定,国家给予被划分为保安林的土地所有者一定的补偿,并要求保安林的受益个人和团体应当承担一定比例的补偿费用。瑞典法律规定,如林地被划分为自然保护区,该林地的所有者所遭受的经济损失则由国家来给予补偿[40]。德国黑森州法律规定,如林地被划分为防护林,或者在自然保护区或土地保护区范围内,公布了公益性的限制性措施或者经营规定,而限制了林主的经营活动造成了损失,那么林主有权利要求补偿。哥伦比亚、法国等国也有类似规定。法国还对集体与国有林场经营产生的收益免征税费,并且给林地私营业主提供多种优惠政策。作为一种激励式的环保政策,在全世界内生态补偿都得到了普遍应用,生态补偿方式、标准根据各个国家、地区的具体情况各有不同。

(2)建立生态税收制度

环境税是为了保护生态环境、实现绿色生产、推进清洁能源、实现资源的合理利用而征收的税费。1970 年至今,西方发达国家开启了绿色税费制度改革的热潮。以能源税为重点,国外的环境税收种类多种多样。例如,荷兰设置了石油产品税、土壤保护税、水污染税、燃料税等十多种环境税。总体来说,西方国家的环境税依据污染物不同分为五类:

垃圾税、固体废物税、噪声税、水污染税、废弃税[9]。当前环境税在经济社会合作发展的国际组织内的国家发展得已经相对成熟,许多国家征收了注册税、噪声税、固体废弃物税、水污染税、空气污染税等,并且把这些税收资金专门用于环境的保护,从而使税收在保护环境方面发挥了很大的作用。

(3)实施生态补偿保证金制度

英国、美国、德国都建立了采矿区补偿的保证金制度。在 1977 年,美国政府就制定《露天矿区土地管理复垦条例》,明确要求在采矿区实行复垦抵押金的制度,如果没有完成规定的土地复垦计划,该项押金将被没收用于第三方开展复垦活动;矿区企业每挖一吨煤,就要缴纳相应数额的复垦基金,用来进行以往矿区土地的复垦和恢复。欧盟的生态补偿标准采用"机会成本法",就是根据多种保护环境的措施引起的收益来确定补偿的标准,依据不同地区环境条件制定有区别的区域补偿的标准[40]。德国的生态补偿最大特点是核算公平、资金到位。资金的支持主要为横向的转移支付,比如富裕地区向贫困地区的转移支付、各州之间的转移支付。

(4)充分发挥政府和市场的互补作用

在生态补偿的方式上,世界各国仍然主要是政府购买。比如,在马来西亚、法国的林业补偿资金中,政府财政拨款占很大比例。德国仍然是生态服务最大的购买者。美国长期以来实施退耕政策来保护生态环境。政府提供资金,对农民为了环境建设丧失的发展机会给予补偿,激励农民进行环境保护,提高森林覆盖率。哥斯达黎加、巴西、美国等的实践经验证明,虽然某种程度上政府是主要的生态服务购买者,但是在生态补偿中,市场依然能够发挥巨大的补充作用,政府可以利用经济鼓励与市场手段双管齐下,改善生态环境,提高环境效益。

生态补偿在国际范围内获得成功的关键原因有:一是国家的产权制度相对完善,便于使用市场机制来实施补偿;二是各国法律法规建设比较完善,开发资源的外部成本可以内部化;三是政府的财政支付能力比较强,从而可以为重点生态系统服务购买付费;四是社会协商和参与机制较为成熟,可以在实施生态补偿的过程中真正体现相关利益人的立场。从各国的实践经验来看,它们都积极改变目前由政府主导生态补偿的局面,充分使用市场机制推动补偿政策的推进过程[16]。

三、"三江并流"区域的生态环境保护与后续产业发展

"三江并流"区域地处青藏高原和南亚、东南亚三大地理区域的交汇处,因受不同地理板块的挤压,形成了复杂的地质地理形态,是世界上生物物种最丰富的地区之一。这一区域以其生物多样性、民族文化多样性、地质地貌多样性和自然景观多样性为特征,成为我国重要的资源储藏区、生态环境屏障区和人与自然和谐相处示范区,具有十分重要的战略地位。然而,由于这一区域地质地貌环境非常脆弱,生态系统自动调节能力较差,生态环境一旦被破坏,修复起来难度极大,因而,不适宜进行大规模资源开发①。在全国主体功能区规划中,"三江并流"区域80%以上的地区都属于限制开发区和禁止开发区②。

(一)"三江并流"区域概况

1. "三江并流"及相邻区域

"三江并流"及其附近地区由怒江、澜沧江和金沙江及其流域内的山脉组成,包括云南、四川和西藏部分地区。三江均发源于著名的青藏高原,从北向南,在四川、西藏及云南地区的崇山峻岭之间流淌,也是全球范围内比较稀有的"江水并流但并未交汇"的与众不同的自然景观之一

---

① 云南省人民政府:《云南省主体功能区规划》,云政发〔2014〕1号,2014年1月6日。
② 国务院:《全国主体功能区规划》,国发〔2010〕46号,2010年12月21日。

（见表 3 - 1）。

表 3 - 1　"三江并流"及相邻地区所辖范围的界定

隶属省份	包含地区	数量
四川省	得荣县、巴塘县、乡城县、稻城县	5 县
	木里县	
云南省	泸水市、兰坪县、福贡县、贡山县	15 县（市、区）
	香格里拉市、维西县、德钦县	
	玉龙县、宁蒗县、丽江市古城区	
	云龙县、永平县	
	保山市隆阳区、施甸县、龙陵县	
西藏自治区	左贡县、芒康县	3 县
	察隅县	

资料来源：根据宋敏、刘学敏《构建"三江并流"生态建设综合配套改革试验区的思路》，载于《经济问题探索》2013 年第 5 期 90 - 93 页的相关资料整理而得。

2. "三江并流"区域

"三江并流"区域地处横断山脉地区的纵深地带（东经 98°到东经 100°31′，北纬 25°30′到北纬 29°），位于青藏高原向南延伸的部分，它的组成部分涵盖了云南境内的金沙江、怒江及澜沧江和各自流域中的山脉，包含 4.1 万平方千米的区域。考虑到此处的自然地理条件非常独特，在进行划区保护的过程中，国务院于 1988 年正式批准云南省申报的"三江并流"区域为国家重点风景名胜区，属于第二批风景名胜区之一。世界遗产委员会于 2003 年将该地区命名为世界自然遗产。除此之外，这个区域也涵盖了大量特殊保护区，比如自然保护区、国家地质公园及森林公园等，各种类型的保护区之间出现了地域重叠现象[57]。

(1)"三江并流"国家级风景名胜区

在多种类型的保护区域中，"三江并流"国家级风景名胜区的覆盖范围最大，占地面积为 3.4 万平方千米，在"三江并流"区域总面积中，该风景区约占 83％。所以该区大体上涵盖了该处世界自然遗产地中所划定的 8 个片区;涵盖了 9 处县级、省级及国家级自然保护区,如高黎贡山国家级自然保护区等;涵盖了 10 个风景名胜区,如梅里雪山[1]。

(2)"三江并流"世界自然遗产地

"三江并流"国家级风景名胜区和"三江并流"世界自然遗产地的绝大部分出现了重叠,在"三江并流"世界自然遗产地涵盖的 1.7 万平方千米中,0.94 万平方千米是核心区,而缓冲区的面积则达到了 0.76 万平方千米。再者,遗产地涵盖了 5 大自然保护区,如白马雪山、高黎贡山、碧塔海、哈巴雪山及兰坪云岭[57]。高黎贡山国家级自然保护区在世界自然遗产地中达到了 346872 公顷,占保护区的所有覆盖面积的 70％;白马雪山保护区在世界自然遗产地中达到了 245848 公顷,占保护区的所有覆盖面积的 85％;哈巴雪山保护区在"三江并流"遗产地中达到了 17175 公顷,占保护区的所有覆盖面积的 78％;碧塔海保护区在"三江并流"遗产地内的面积为 13371 公顷,超过了保护区的所有覆盖面积的 90％。除此之外,前文提到的 10 个风景名胜区(如梅里雪山)也位于该遗产地中①。

(3)其他景区

在"三江并流"范围内,10 大风景名胜区和 9 大自然保护区出现了大量重叠。高黎贡山国家级保护区和贡山、月亮山风景区出现了大范围的重叠,玉龙雪山保护区也被列为省级旅游度假区,出现了非常普遍的地域重叠问题。

①红山区:包括金沙江流域中的高山喀斯特地貌及高原夷平面等地貌特征,这些地貌都非常具有代表性,古冰川遗迹也非常完整,植物生态系统比较丰富,还有不少高原湖泊等,具有多种类型的景观,集中地展示了"三江并流"地区被提名为世界遗产地的重大景观及资源价值[58]。在

---

① 国务院:《全国主体功能区规划》,国发〔2010〕46 号,2010 年 12 月 21 日。

这其中,小雪山丫口高原及尼汝南宝草场等多处地质景观非常具有代表性。尼汝南宝草场聚集了属都湖(属于典型的高原冰蚀湖),南宝及地基淌拥有高山草甸及硬叶常绿阔叶林在内的生态系统,此外南宝也存在着古冰川遗迹,尼汝河存在着河谷人居环境,七彩瀑布属于典型的高原泉华瀑布等,这些景观资源的分布范围非常广泛,类型较多,也非常集中,开发潜力极大,保护价值极高,也是充分研究及展示原始景观资源的重要区域[57]。与此同时,该区域中南宝河拥有发育过程最系统、最能够集中展示的古冰川地貌遗迹,也处于世界自然遗产提名地,是历史上第三期的冰川地质遗迹。

②千湖山区:位于香格里拉市,涵盖了上江乡及小中甸乡的部分地区,也是金沙江流域中能够集中展示高原湖泊及原始植被的主要区域之一。该区的高山冰蚀湖分布非常广泛。据统计,此处面积大小不同的高原湖泊超过了 100 个。其中,非常具有代表性的是三碧海及碧古天池,这些高原森林湖泊具有独特的景观价值。

③云岭片区:处在怒江州范围内的澜沧江流域及通甸河(系其支流)之间。从相关调查来看,截至 2010 年,共有 4 群滇金丝猴在这个自然保护区中栖息,相当于当时滇金丝猴总量的 1/10[59]。这也可能是我国特有的滇金丝猴在国内最南端的种群分布,它的保护价值极其重要。此保护区拥有 76% 的森林覆盖率,大部分地区都保持着原始状态,拥有相当丰富的生物多样性。该保护区中分布着多种野生动物,从当地的初步调查来看,记录了 28 种哺乳动物,属于七目十三科的范围内。

④老君山区:属于金沙江流域在"三江并流"区域内的下游地区,重点涵盖了金沙江流经范围的"黎明黎光丹霞地貌片区"及"高原冰蚀湖群",这些都是"三江并流"区域内能够被提名为该区域中非常具有代表性的高山丹霞地貌,且处于集中发育状态。在九十九龙潭附近的高原湖泊周围,存在着杜鹃纯林生态系统,拥有数百种杜鹃花,这也是金沙江流经范围内分布最多类型的杜鹃花生长区。这些高山湖泊与杜鹃林共同组成了美妙绝伦的自然生态画卷。丽江地区的老君山上,存在着国内发

育状态最完整、覆盖范围最大的丹霞地貌奇观,在祖国南疆苍茫的原始森林及万绿丛中镶嵌着璀璨夺目的丹霞地貌。这些红色岩石中,不少表面已经出现了风化,产生了龟裂状的外貌构造,比如有一个山坡就像是成千上万只小乌龟,然后又共同形成了一只大乌龟,排列有序而非常自然,就像是朝着太阳升起的地方稳步前行。

⑤老窝山区:澜沧江流经区域的下游地带,处在澜沧江的西岸中挑和维登乡的范围内,也是澜沧江流经范围内景观资源种类的补充片区,主要用来保护高原湖泊、高山草甸与野生的各种花卉资源,重点景点涵盖了老窝山地区的高山冰积湖群及新化湖。此外也涵盖了拉洛河(它是澜沧江下属的二级支流)、栗地坪的各种野生花卉及红岩洞的相关溶洞等,依旧处于原始状态,还没有进行开发。

⑥高黎贡山区:"三江并流"范围内,也是集中展示植物物种多样性的区域。在这里,常绿阔叶林横贯东西,在《中国生物多样性国情研究报告》这部著作中,它被确定为"此处是拥有世界水平的陆地生物多样性的一个关键性地区"及"不可或缺的模式标本产地"[60]。这也是充分展示了怒江流域是非常具有地貌特征的大自然博物馆,涵盖了"怒江第一湾"。此外,还有深切河曲地质景观,以该湾周边地区为主要代表,此处的石月亮景点也是非常典型的高山喀斯特溶洞的大自然景观[1]。高黎贡山国家级保护区也是世界遗产提名地领域中覆盖范围最广泛的地区。

⑦梅里雪山区:涵盖了澜沧江流经区域中非常具有代表性的地貌特征,地质遗迹丰富多彩,而且也是"三江并流"区域中著名的滇金丝猴最为原始的栖息地。

滇藏公路从该保护区范围内横穿而过,在该路与附近的一些地区,存留着丰富的古代深海大洋生物遗迹、地质与冰川,也保存着远古造山运动所产生的诸多遗迹,动土与冰川地貌在此处广泛发育,也是集中展示"三江并流"作为世界自然遗产提名地的多种地质遗迹的关键区域[59]。在"三江并流"流域中,滇金丝猴也是其中的旗舰物种,非常具有代表性,主要集中了白茫雪山保护区。

卡瓦格博峰是梅里雪山中的主峰,它的海拔达到了 6740 米,也是提名地中的最高山峰,因为它的气候和地形因素非常独特,直到现在也没有人能够成功登顶。明永冰川就在卡瓦格博峰发育,它的冰舌持续拓展直至 2650 米处,四周范围内都是青山翠针阔混杂生长的湿性常绿阔叶林,保持了良好的原生态,也象征着澜沧江流域中干热河谷范围的多样性特征,非常具有代表性。这个冰川是迄今为止北半球范围内海拔最低的,也是全球范围内最低纬度的冰川之一。

⑧哈巴雪山区:从前文所述可知,"三江并流"范围内的海洋性冰川是国内最南纬度的,金沙江流域中的高山垂直带自然景观最为完整,也非常具有代表性。在如此狭小的地理空间中,聚集了从高山寒带到亚热带干暖河谷地貌中的多种植被类型。在哈巴雪山中,它的山地生态系统中拥有寒温性针叶林,这也是它最关键的生态系统种类,此种森林以复杂、丰富多彩的中国-喜马拉雅成分为主要特征,这种高山针叶林保护地区也是世界自然遗产提名地中最具有代表性的。

就哈巴雪山而言,它的主峰海拔达到了 5396 米,也是云南地区知名度较高的极高山之一。现代冰川在它的山顶上发育,与玉龙雪山上面的冰川相同的是,这种海洋性温冰川也是我国范围内纬度最靠南边的。它的高山冰碛湖(涵盖了黄湖、黑海及湾海)展示了大理地区冰期时代的古冰斗积水产生的古代冰川遗迹,这种冰川遗迹分布区也是"三江并流"区域作为世界自然遗产提名地中仅有的。

卡瓦格博峰的高度达到了 6740 米,高差将近 6000 米。从区域范围内来看,既有深切的河谷,也有高耸的雪峰,也是全球范围内最壮丽的河谷高山组合[57]。此处的"三江并流"区域也表现出了多个领域的独特价值。

(4)少数民族聚居地

"三江并流"区域中生活着 14 个少数民族,他们长时间和大自然和谐相处,生活方式非常传统,民族文化丰富多彩,居住环境及民居建筑体现出了独特性,成为"三江并流"区域中和谐自然状态中的独特文化景观[58]。

整体而言,这个区域既有纵横的江河,也有连绵的山脉,峡谷及高山彼此相间,岭谷此起彼伏,宽谷草场及高原台地在此地零星分布,共同组成了这个区域中独特的地貌特征,而且表现出下列特征[1]:

首先,区域中各个自治州及地市拥有共同的资源优势。区内各个自治州及地市同处在这个自然地理单元中,比如它们的畜牧业、矿产、旅游及生物等资源的结构、类型及丰缺程度都体现出了强烈的同构性。

其次,该区中存在着高度相似的经济结构。农业在该区生产总值中占比非常高,农业人口在当地所有人口中占比过大;在其工业结构中,原材料及采掘业的初加工及初级制品的占比非常高;当地的第三产业以旅游业为主要发展导向,在各个自治州及地市的 GDP 中的占比持续快速增长。

再次,该区域中各个自治州及地市处于一致性的经济发展时期。就当前该地区的经济发展水平而言,区域内各个自治州及地市的人均财政收入、收入水平及消费性支出都非常有限,地方在发展经济过程中重点依赖上级政府部门提供的财政补拨促进和推动,自我发展及积累的能力不够强。

最后,在生态建设中存在着非常相似的制约因素。它涵盖了薄弱的区域经济发展基础,落后的基础设施,幅面较大的社会贫困状况,缺乏高度稳定的生物多样性特征,不够顺畅的管理体制和不够完善的政策体系,这些都影响着当地建设生态保护的具体进程,区域中缺乏较高的整体人口素质等。

(二)"三江并流"区域的生态环境

"三江并流"区域是因印度洋板块与欧亚板块相碰撞而形成了独特的横断山脉地势特征,在这一区域,高山与大江并列交错,拥有世界上独特的深壑峡谷,永久冰川、冰蚀湖群、高山草甸等地质地貌特征,瀑布、鳍脊、角峰、绝壁、峰丛等遍布其间。复杂的地质演化历史催生了这一区域生物的多样性,并为当地人提供了生存栖息之地。千百年来,这里的先民们以其特有的生存方式在这片土地上繁衍生息,随着人口的增加以及人类活动的日益频繁,人类从自然界获取物质资料的同时,也加大了对大自然的侵蚀,特别是 20 世纪过度发展工业、开垦土地,导致"三江并流"区域的迪庆、怒江等地生态环境遭受极大的破坏,被破坏的大部分地区的生态都没有得到恢复,给今天的发展留下了沉重的负担[61]。从现有的情况来看,"三江并流"区域由于受特殊的气候条件、地质条件、历史原因、资源开发、人为破坏、投入不足和保护建设手段滞后等多种因素的影响,其生态环境面临严峻形势。

1. 地质环境

"三江并流"区域是因 4000 万年前的地壳运动所形成的特殊的地理环境,这里雪山纵列,有着较为知名的梅里雪山、白马雪山、哈巴雪山、玉龙雪山、巴拉格宗山等,还拥有数不尽的鲜为人知的雪山山峰,单在迪庆境内就分布着近 800 座雪山山峰。这里峡谷深切,"四山夹三江",从西向东分别排列高黎贡山山脉、怒山山脉、云岭山脉和中甸大雪山山脉,中间夹着怒江、澜沧江、金沙江,南北像"川"字形相向排列。这一区域山峰林列,山势险峻,地势总体上呈现出北高南低的态势,山峰海拔高耸,高于 5000 米海拔的山峰有 30 余座,山上终年积雪,保持着较好的冰川地貌。梅里雪山峰群中,海拔在 6000 米以上的有 13 座,其中梅里雪山至峰卡瓦格博峰海拔达 6740 米,是云南省境内最高峰;怒山山脉平均海拔达 4200 米;云岭山脉平均海拔达 3900 米,其中白马雪山和甲午雪山海拔都在 5000 米以上;高黎贡山平均海拔达 3300 米。另外在香格里拉市,哈巴雪山海拔为 5396 米,巴拉格宗山海拔为 5545 米。而河谷地带海拔普遍较低,如怒江河谷的海拔仅为 760 米左右。

这一区域位于我国西部地震带,是地壳运动剧烈、构造形态复杂、地震活动频繁的地区,由于怒江、澜沧江、金沙江及其支流的长期急流切割,致使境内山高谷深、山崖陡峻、岩体破碎,也使得这一区域的土水保持极其困难,一旦植被减少,必然导致水土大量流失。例如,根据2004年云南省水利水电科学研究所第三次遥感调查可知,迪庆州全州土壤侵蚀面积达18575.14平方千米,占土地面积的78%,其中轻度侵蚀面积为2652.58平方千米,中度侵蚀面积为1525.53平方千米,强度侵蚀面积为326.565平方千米,极强度侵蚀面积为139.89平方千米,剧烈强度侵蚀面积为8.17平方千米,年平均侵蚀2135万吨,年平均侵蚀模数为每平方千米919吨,年均侵蚀深度为0.68毫米。而在怒江州境内,山高坡陡,沟壑纵横,98%以上的面积是高山峡谷,由于植被被破坏,干季有"干石流",湿季有"泥石流"①。根据怒江州2013年度土地变更调查数据,海拔1500米以下的河谷区已成为全州生态最脆弱、环境最恶劣的生态恶化区。

2. 气候环境

"三江并流"区域气候特征较为复杂,不同区域的气候差异较大,而同一区域的气候也具有"一山有四季,十里不同天"的巨大差异性特征。总体上,"三江并流"区域属温带高原季风气候,由于受到来自印度洋和太平洋的季风环流的影响,四季不分明,冬春季长,夏秋季短。相应的干湿季明显,每年5月至10月份是湿季,雨量充沛,11月至来年的4月为干季,雨量较少。如果从河流分布来看,可将这一区域气候大致划分为怒江流域段半湿润气候和澜沧江、金沙江流域段半湿润、半干旱的立体气候。整个怒江流域的年降水量大于1750毫米。在海拔3000米以上地区属于寒冷半湿润气候,月平均气温在0~16摄氏度,而海拔在3000

---

① 云南省自然资源厅:《云南省2004年土壤侵蚀现状遥感调查数据成果表及各州、市土壤侵蚀强度分级面积统计表》。

米以下河谷地带属于温热半湿润气候,月平均气温在 7～24 摄氏度,最高气温可达 37 摄氏度,相对湿度在 68％～85％。因而,怒江流域内降水较为充沛,植被生长条件较好,从谷底到山顶均分布着不同气候带的植物,高海拔区域的原始森林保存较为完好。澜沧江和金沙江流域段的立体气候特征较为明显。海拔 4300 米以上的区域为高山寒冷冰雪气候,海拔 4500 米以上的地区终年积雪。海拔在 2500～4300 米的区域为高山半寒冷半湿润气候,月平均气温在 2.7～15 摄氏度,年降水量在 640～740 毫米,相对湿度在 58％～80％,是植物生长区域带。海拔在 2500～2900 米的河谷地带又分南北两段。南段包括澜沧江河谷的巴迪乡以南和金沙江河谷的拖顶乡以南的河谷地带,这一区域带属于亚热带半湿润半干旱气候,年降水量为 500～800 毫米 ,最高气温可达 37 摄氏度,月平均气温为 3.6～18.5 摄氏度;北段包括巴迪乡和拖顶乡以北的河谷地段,这一区域属亚热带干旱气候①。如果以行政区划来看,怒江州总体上属于低纬高原季风气候,一年之中四季不明显,因受地质地貌和纬度差异的影响,北部气温较低,中部温暖,南部较热。在海拔 1400 米以下的低热河谷区,气温最高,年平均气温为 16.8～20.1 摄氏度,热量丰富;海拔在 1800～2300 米的中高山区,年平均气温为15.1～11.1 摄氏度;海拔在 2300 米以上的高山区,年平均温度在 11.0 摄氏度以上,极端最低气温可达零下 10.2 摄氏度左右,为气温最低、热量最差的地区。迪庆州属温带-寒温带气候,分干季和湿季,干季从 11 月至次年 4 月,降水量只占全年的 10％～40％;湿季从 5 月至 10 月,降雨量占全年的 40％～90％,主要降水集中在 7 月至 8 月。年平均气温在 4.7～16.5 摄氏度。迪庆州境内澜沧江河谷最低海拔 1480 米,年平均气温为 15.7 摄氏度,梅里雪山海拔 6740 米,年平均气温为－14.8 摄氏度,相差 30 摄氏度。从河谷到高山,海拔升高 100 米,气温降低 0.6～0.7 摄氏度。

---

① 骆银辉:《世界自然遗产——"三江并流"区域地质生态环境特征及其成因初探》,载于《地质灾害与环境保护》2008 年第 2 期,第 95 页。

迪庆州地形地势复杂,海拔高差较大,具有突出的地方性"小气候"特征。丽江气候属于高原西南季风气候,昼夜温差大,气温偏低,年平均气温在12.6～19.8摄氏度,夏季平均气温在18.1～25.7摄氏度,冬季平均气温在4～11.7摄氏度,年温差小,但日温差较大。年极端最高气温为25.1摄氏度,最低气温为零下27.4摄氏度,每年的5月至10月为雨季,7、8月雨量特别集中。"三江并流"区域复杂的气候特征加上特殊的地质环境,极易造成崩塌、滑坡和泥石流等地质灾害,高海拔区由于"冻融"作用的影响,土壤侵蚀加剧,地表覆被状况极易发生变化。

3. 森林环境

云南是全国森林资源大省,根据2005—2008年完成的云南省森林资源规划设计调查成果,云南的森林(纯林、混交林、竹林和乔木经济林)面积为2002.07万公顷,其中纯林面积为1472.67万公顷,混交林面积为394.04万公顷,竹林面积为19.29万公顷,乔木经济林面积为116.07万公顷;按起源划分,天然森林面积为1554.57万公顷,占森林面积的77.65%,活立木蓄积量为139487.23万立方米;人工森林面积为327.22万公顷,占比16.34%,活立木蓄积量为10308.77万立方米;飞播森林面积为120.28万公顷,占比6.01%,活立木蓄积量为7959.65万立方米。从"三江并流"区域来看,怒江州森林面积大,全州林业用地面积为122.51万公顷,占全州面积的83.26%;活立木蓄积量为16615.28万立方米,占云南省活立木蓄积量的近10%;林木绿化率为80.85%,森林覆盖率为72.96%,境内广泛分布着寒温性针叶林、高山杜鹃矮曲林、高山亚高山草甸、灌丛草地等植被。迪庆州林业用地面积为188.54万公顷,占全州面积的78.95%,森林覆盖率高达73.95%[①],高于云南省平均水平17.2个百分点,区域内拥有云南松、高山松、云杉、冷杉、红豆杉、红杉、香榧、华山松等珍贵树种。丽江市境内98.2%的国土面积属于金沙江

---

① 胡晓蓉:《迪庆州扎实推进生态文明建设》,载于《云南日报》2014年6月30日,第03版。

流域,境内林业用地 150 万公顷,森林覆盖率达 40.3%,植物种类多达 13000 多种,是我国实施天保工程的重点地区,植物种类占云南省植物种类的 70%。总体来看,"三江并流"区域森林资源较为丰富,然而,随着气候条件、地质环境的不断变化以及人为因素的影响,部分珍稀物种已经灭绝,现存的珍稀物种也濒临危险,比如区域内的虫草、雪莲花、红景天、虫楼、胡黄连等都处于濒危状态,特别是野生莲瓣兰,在野外已经处于濒临灭绝的状态。

4. 土地利用环境

"三江并流"区域内的怒江、澜沧江、金沙江奔流而下,江面狭窄,两岸峭壁高耸,山高谷深,属于典型的"V"字形深切峡谷,流域内坡度在 25°以上,难以开发利用的土地占比较大(见表 3 - 2)。

表 3 - 2 "三江并流"区域各市及自治州不同坡度土地面积情况

名称	土地总面积	<8°	8°~15°	15°~25°	25°~30°	>35°
丽江市/km²	20603.74	1429.56	3306.00	6655.00	6554.02	2446.76
占土地面积比	—	6.94%	16.05%	32.30%	31.81%	11.88%
怒江州/km²	14552.94	93.23	364.90	2348.68	7046.05	4643.68
占土地面积比	—	0.64%	2.51%	16.14%	48.42%	31.91%
迪庆州/km²	23201.20	601.44	1708.61	5697.17	9169.39	5827.46
占土地面积比	—	2.59%	7.36%	24.56%	39.52%	25.12%

资料来源:沈安波.新编云南省情[M].昆明:云南人民出版社,1996:283.

从表 3 - 2 可以看到,"三江并流"区域坝区面积较小,怒江州坡度在 25°以上的土地占比高达 80.33%,迪庆州占到 64.64%,这些地方用于农业发展和工业建设的土地面积极小(见图 3 - 2)。

根据怒江州 2013 年土地变更调查数据,全州耕地面积为 691.67 平方千米,其中 25°以上耕地面积为 354.87 平方千米,占耕地面积的 51.31%;15°~25°的耕地面积为 219.67 平方千米,占耕地面积的 31.76%;15°以下的耕地面积仅有 117.21 平方千米,仅占耕地总面积的 16.95%,垦殖系数不足 4%,由于受到人口相对集中、人为活动破坏等综合因素的影响,海拔 1500 米以下的河谷区已成为全州生态最脆弱、环境最恶劣的生态恶化区。如果从人口与耕地分布情况来看,怒江州海拔 1000 米以下的地方是人口密度最大的区域,而在海拔 1000～2000 米这一区域却是耕地最集中的区域(见表 3-3)。

表 3-3 怒江流域怒江州境内人口、耕地分布情况

海拔高度	人口分布情况	耕地分布情况
1000 米以下	约 10 万人	约 53.36 平方千米
1000～1500 米	约 9 万人	约 100.05 平方千米
1500～2000 米	约 7 万人	约 166.75 平方千米
2000～2500 米	约 3 万人	约 13.34 平方千米
2500 米以上	约 1 万人	约 0.67 平方千米

资料来源:《怒江"3513"工程实施路径初步思路》。

而迪庆州同样面临着水土流失、土壤侵蚀的问题。根据 2004 年云南水利水电科学研究所第三次遥感调查,全州土壤侵蚀面积为 18575.14 平方千米,占土地面积的 78%,其中轻度侵蚀面积为 2652.58 平方千米,中度侵蚀面积为 1525.53 平方千米,强度侵蚀面积为 326.565 平方千米,极强度侵蚀面积为 139.89 平方千米,剧烈强度侵蚀面积为 8.17 平方千米,年平均侵蚀为 2135 万吨,年平均侵蚀模数为每平方千米 919 吨,年均侵蚀深度为 0.68 毫米。随着社会经济的发展以及人口的增长,为了获得更多的土地,20 世纪中期当地通过毁林毁草开垦土地,极大地破坏了区域内生态环境。如迪庆州在 1952 年有 254.81 平方千米耕地,其中,旱地为 221.45 平方千米,而到 1965 年耕地达 484.24 平方千米,旱地增加到 483.21 平方千米,比 1952 年增加了 261.76 平方千米旱地,这些增加的旱地均为毁林开荒、毁草开荒开垦出来的[62]。

从总体来看,"三江并流"区域生态较为脆弱,加之长期森林砍伐、毁林开荒、过度放牧、落后的生产生活方式等人为因素的影响,以及特殊的

气候地质环境变化等自然因素的影响,"三江并流"区域的生态系统遭受到持久的破坏,产生了许多环境生态问题,如土壤侵蚀、耕地质量下降、水土流失加重、裸地面积增加、森林覆盖率降低、生物多样性减少、濒危动植物数量增加等。与此同时,这一区域还面临着日益频繁的洪涝、干旱、滑坡、崩塌和泥石流等自然灾害的威胁,生态环境恶化趋势较为明显。而生态环境的恶化反过来又影响区域内社会经济的发展,使得相关地区处于经济发展滞后(贫困)-生态环境恶化的恶性循环之中(见图 3-1)①。

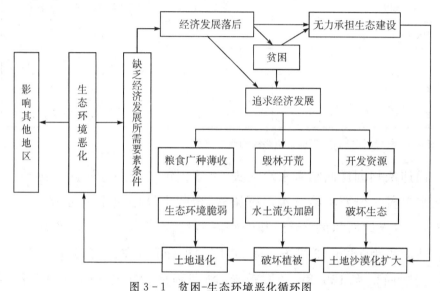

图 3-1 贫困-生态环境恶化循环图

在"三江并流"区域被列入《世界遗产名录》及被确定为全国主体功能区后,"三江并流"区域 80% 以上的地区都属于限制开发区和禁止开发区,这一区域的开发权受到极大的限制,致使这一区域原有的"贫困-生态环境恶化循环"的状态出现了新的变化,即一方面守着极其丰富的自然资源不能开发,经济社会发展受到了严重的制约,当地居民饱受贫穷的困扰;另一方面要为云南省甚至全国的生态利益支付巨额成本,失

①云南省人民政府:《云南省主体功能区规划》,云政发〔2014〕1号,2014年1月6日,第22页。

去发展的机会,与其他地区的发展差距不断扩大,承受着经济落后和生态保护的双重压力。"贫困-生态环境恶化循环"发展为"贫困-保护生态环境-限制(禁止)开发-贫困"(见图 3-2),保护与发展成为当前"三江并流"区域面临的一个重要问题。

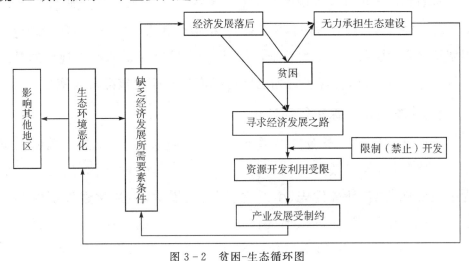

图 3-2　贫困-生态循环图

(三)"三江并流"区域的生态建设成本

1. 保护生态环境的直接投入

(1)建立法律法规

当前我国还没有针对世界自然遗产构建相应的法律专门体系,按照这些自然遗产的相关特征,眼下重点以国务院颁布的《中华人民共和国自然保护区条例》及《风景名胜区条例》为主要的法律渊源[59]。考虑到"三江并流"是国内面积较大的世界自然遗产地,覆盖了三个自治州和地市,2005 年 5 月 27 日,云南省第十届人民代表大会常务委员会第十六次会议审议通过了《云南省三江并流世界自然遗产地保护条例》,将世界自然遗产地的管理及保护列入法制化管理和保护的轨道中[48]。云南省人大不久又将保护滇西北地区的生物多样性纳入当时的立法规划中,将保护"三江并流"区域中的生物多样性问题提高到了法律法规的战略高度。

(2)编制管理规划

针对如何保护和管理世界自然遗产的规定,在这些遗产地被纳入《世界遗产名录》之后,云南省按照相关法律,积极地编制遗产地的各片区管理保护规划及整体性规划。以此为基础,各个片区也已完成了遗产地规划的具体编制工作,一些片区的保护规划已获得云南省政府的核准及实施。

(3)实施滇西北保护行动计划

滇西北地区是全球范围内举足轻重的生物资源宝库,拥有独特而丰富的生物物种,各级政府部门密切关注生物多样性的具体保护及建设。为了更好地落实"环境优先、生态立省"的发展战略,强化建设滇西北地区的生态文明事宜,促进该地区保护生物多样性的工作取得更大发展,2006年云南省政府部门全方位落实了"七彩云南保护行动"战略规划,强化了保护滇西北地区的生物多样性的措施和力度;2008年2月份,参加云南省政府滇西北生物多样性保护工作会议的各级政府和社会各届人士,共同发布《滇西北生物多样性保护丽江宣言》,11月结束了《滇西北生物多样性保护行动计划》的编制工作,制定了《滇西北生物多样性保护规划纲要》和《滇西北地区禁止发展、限制发展和退出产业名录》[1]。通过实施和落实"七彩云南保护行动"战略规划,逐步强化了环保理念,增强了保护生物多样性的积极性与自觉性,提升了参与范围,保护该地区的生物多样性活动获得了更大发展,从主要是政府保护转变为发挥政府部门的主导作用,促进社会各界的积极参与,采取了开放式、多元化保护的方式,从重点采取行政措施转变为全方位立体经济、法律、必不可少的行政及技术方式,强化了保护该地区生物多样性的问题,从各个政府部门传统的条块分割工作机制转变为发挥政府部门的统筹协调,实现州市及上级政府部门高效联动的巨大转变。

深入推进落实"七彩云南保护行动"战略规划和"森林云南"建设,实施"两江"流域生态修复和绿色经济发展行动计划。完成营造林 208.03 平方千米,改造低效林 53.36 平方千米,治理陡坡地 40.02 平方千米。启动怒江国家公园申报工作。沘江河、通甸河等重点流域水污染防治不断加强,城镇集中式饮用水源地保护力度加大[59]。19 个行政村被命名为州级第一批生态村。实施了福贡县城大型泥石流灾害治理项目和一批中小型地质灾害防治项目,治理水土流失 129.97 平方千米。

大力推进生态立州战略,全面实施天然林保护、退耕还林、重点流域江河治理、城镇两污治理、生物多样性保护等工程。以"两污"处理设施建设为重点,逐步削减城镇污染物排放总量,建成四县城"两污"处理生产和生活设施,保证城镇生活污水处理率达到 40%,城镇生活垃圾无害化处理率达到 80%[59]。抓好沘江河流域水污染防治工作的落实,启动通甸河流域水污染防治工作。切实有效推进生态建设,完成营造林 835.95 平方千米,天保二期工程建设顺利启动,落实森林管护 8951.26 平方千米,第一轮退耕还林 119.39 平方千米通过国家验收,新一轮退耕还林 146.07 平方千米建设有序推进。

(4)资金投入

从 2003 年云南省成功申报"三江并流"保护区为"世界自然遗产地"以来,政府部门对保护和管理"遗产地"高度重视,增强了保护与管理"遗产地"的力度,提供了大量资金支持。每年地方和中央财政都会投入 300 万元财政资金,积极开展"遗产地"的常规管理活动,而且增设了 700 万元的专项编制规划资金[58]。在此过程中,中央政府还在"十一五"规划时期,积极地借助国债资金,为保护和管理"遗产地"的相关设施提供相应的资金支持;地方政府部门随着财政收入的逐步增长,也拿出了更多的财政资金,在"遗产地"积极地开展生态环境建设、展示建设、保护生物多样性的措施,比如省级政府部门对各方资金进行整合,努力在环境治理、生态保护、利用新能源及生态补偿和科研等领域增加资金投入,主要用来保护遗产地,强化保护滇西北地区的环境和生态,大力保护生物多样性[1]。比如云南省财政部门拿出 5000 万元人民币,筹集及引导社会力量的资金投入,积极地构建保护滇西北地区生物多样性的专项资金,用来建设保护能力、科研、规划制定、宣传教育及试验示范等方面。

(5)加强研究工作

云南省政府部门在滇西北地区多次调查珍稀濒危动植物的现状,调查规模大小不同,研究了如何保护相关的珍稀濒危植物方面的遗传多样性和具体濒危机制,且设计了针对性的保护措施。组建了相当数量的监测站点,调查研究濒危野生动物种群分布,建立了驯养繁育、收容拯救野生动物的机构,积极地研究动植物的行为学及繁育问题,实施了"遗产地"建设展示规划研究。云南省积极地和中国科学院开展共建合作,组建了"西南地区野生动植物种质资源库"及"西南地区生物多样性试验室",循序渐进地建成了当地保护及可持续运用生物多样性的高层次研究平台。

2.保护生态环境产生的机会成本

(1)水利水电开发

"三江并流"区域是我国水利水电开发最具潜力的地区,区内地势落差大、多幽深峡谷。三江分别是我国"十三大水电基地规划"中的"金沙江水电基地""澜沧江干流水电基地""怒江水电基地"三大基地。

金沙江有着巨大的水能资源,总蕴藏量已经达到了 1.124 亿千瓦,在这其中,有 8891 万千瓦属于可以开发利用的水能量[58]。从"三江并流"区域来看,重点涵盖了金沙江流域的上游部分(云南段)以及中游地区大理自治州和丽江市的一些河段范围。2003 年,《金沙江中游流域河段水电建设规划方案》中提出了建设开发一库八级的水电站方案,且呈现出巨型梯级的形态,装机容量总共达到了 1796 万千瓦。目前,除龙盘水电站外,上述水电站中的其他 6 个水电站都正在施工建设。

在我国范围内,澜沧江拥有巨大的水能资源,总蕴藏量达到了 3656 万千瓦,干流达到了 2545 万千瓦,能够开发利用的蕴藏量大概达到了 300 万千瓦。在这其中,由于位于"三江并流"区域中的核心位置,果念水电站被正式取消,此外乌弄龙水电站的实际水位线也被降低了,装机容量也减小了[58]。目前,除古水水电站尚处于筹备、规划以及设计阶段之外,其他所有水电站都已经在建设施工中。

怒江流域拥有丰富的水能资源,从理论上来讲,当前怒江流域国内部分储备比较大的水能资源,总的水能蕴藏量达到了 4600 万千瓦,在云南"三江并流"区域中,主要表现在怒江州这一段。早在 2003 年 8 月,国家发改委就通过了开发建设怒江傈僳族自治州的怒江水电站的方案,主要是针对该自治州的中下游河段。当前,考虑到地址及生态等因素,所有电站都处在研究和规划时期[58]。

按照国家电力公司华东、北京勘测设计研究院的相关预测和统计,应该在 2015 年之后在怒江流域范围内,以梯级方式大规模开发中下游干流的水资源,2020 年之前,侧重于开发 7 座水电站,分别是亚碧罗、马吉、碧江、赛格、泸水、六库及岩桑树电站,在 2030 年之前,对剩下的 6 座电站进行开发。到那时候,年发电总量累计能够达到 1029.6 亿千瓦时,每年能够带来 342.3 亿元的收入(根据电价 0.35 元/千瓦时进行计算,以有效电量率达到了 90% 进行计算),最少每年能够带来 5158 亿元的 GDP(根据每千瓦时电能够带来 5 元 GDP 进行计算)。如此一来,我国东部能够少投入 850.7 亿元的火电资金,每年能够节约 3705 万吨标准煤。从上述数据来看,开发怒江水电能够有效地缓解国内能源危机,推动我国经济社会发展[1]。

然而,就开发水电所带来的社会效益及经济效益而言,怒江流域需要开发的 13 个梯级电站,需要 896.5 亿元的总投资资金,假如能够在 2030 年之前建成全部水电站,每年能够为国家创造 51.99 亿元的财政税收,为地方平均每年增加 27.18 亿元的财政收入[59]。巨大数额的建设投资可以极大地提升就业比例。从相关统计来看,在开发电站方面,每投入 20 万元就能够创造一个长期就业机会,如果总投资达到了 896.5 亿元,能够创造的长期就业机会可达到 448250 个。从怒江中下游地区来看,重点是保山市及怒江州,部分地区属于临沧市及德宏州。在当地开发和建设水电事业,毫无疑问能够促进民族地区的经济发展,将其当作促进所在地区广大人民走上致富道路的切入点。与此同时,当地缺乏高水平的产业结构,新兴产业缺乏技术支撑,也无法转变当地的产业结构,如果大力开发当地的水电事业,势必会促进服务产业的进一步发展,加速调整当地的产业结构[63]。

(2)矿产开发

三江成矿带是中国最具潜力的矿产资源区,在全国 16 个最重要成矿带中排名第一,又称一号成矿带。特别是铜、金、铁矿及铅锌床非常出名;该地区分布着不少金矿点及金矿床。从现有资料来看,该地区已发现 3 处大型金矿、6 处中型金矿、数十处金矿点及小型金矿。该地区内的主要金矿床成因涵盖了下列方面:海相火山岩型、韧性剪切带型、浊积岩型、矽卡岩型、斑岩型、中低温热液型及岩溶型层控等。按照成矿大地的具体地质条件、构造背景和当地矿床的实际分布特征,能够分成九大成矿带。

思茅-昌都成矿带处在思茅-昌都微板块内,处在澜沧江板块内的缝合带和哀牢山-金沙江板块的缝合带间,按照所涵盖的三个次级构造单元的具体特征,能够将其分成下列成矿亚带:绿春-维西-江达印支火山弧、兰坪-昌都-思茅、德钦-杂多-景洪。从金银铜矿化和相应的矿体来看,兰坪-昌都-思茅成矿亚带中的斑岩体或者斑岩体内与围岩之间的内接触带内重点存在下列金矿化类型:石英脉型矿化、浸染型及矽卡岩型矿石[59]。

处在澜沧江板块中的缝合带中的是澜沧江成矿带,它的北边开始于昌宁-丁青北侧-孟连-南东经左贡这一带。北段开始于藏东一带,此处被中生代地层所掩盖。从昌宁-兰坪营盘-孟连这个地方出露石炭、碳酸盐岩、二叠系复理石碎屑岩、涵盖了蛇纹石化纯橄榄岩、放射虫硅质岩、二叠纪堆晶岩、斜辉橄榄岩及洋中脊玄武岩等,这些内容共同形成了蛇绿岩构造岩块,当前已经发现了此处的老厂金矿等。和其他板块的相关缝合带相同的是,这一条成矿带同样集中分布着剪切带型金矿床,发现中大型金矿床的可能性非常大。

处在怒江板块的缝合带内的是怒江成矿带,它从晚三叠世开始发育,直到中侏罗世,此处属于构造混杂岩带,主要基质是深海复理石碎屑岩[1]。沿这个断裂带,下列部分在其上分布:洋中脊玄武岩、复理石、超镁铁岩、镁铁、沉积岩及蛇绿岩构造岩块等多种类型的构造岩体,属于燕山晚期阶段,怒江洋盆闭合板块受到了剧烈的碰撞影响后而产生的蛇绿混杂岩带。沿着这个断裂带,可以观察到燕山期侵入其中的酸性岩浆。当前已经在超镁铁岩中发现丁青等在内的诸多铬铁矿床,它们属于多期构造岩浆活动,这些都为区内散布开来的金元素迁移、活化及富集成矿提供了优良的成矿环境和条件。

(四)"三江并流"及相邻地区的受益状况

1. 直接收益

"三江并流"及相邻地区是国内外的一些重要河流非常关键的生态保护及水土保持区,因此建设良好的生态保护环境可以为国内外的一些重要河流提供良好的生态屏障。此处也是国内著名的物种中心及生物基因库,孕育着丰富多彩的微生物和动植物物种,生物资源非常丰富,也被叫作"地球物种基因库"。它的面积还不足我国总国土面积的 0.4%,然而此处拥有的高等植物种类超过国内高等植物总量的 20%,生态价值极大。它的生态建设和保护能够影响到相关流域的生态保护和水源涵养,也会影响到云南省、国内其他区域及东南亚相关国家的水源涵养及生态保护[59]。

第一项收益:能够有利于构建国家层次的"三江并流"生态建设试验区。

生态建设及保护具有重大意义,它能够防风固沙、提升土壤蓄水的效能,对水土流失进行控制,降低自然灾害造成的危害,碳汇功能非常强大,能够带来非常可观的经济效益,推动所在地区的经济发展,也是积极应对气候变暖、保障生态系统平衡、减少维护生态环境的成本及提升碳汇实效性的最佳方式[1]。它有利于我国建设国家层次的"三江并流"生态建设试验区,实施相应的综合配套性改革措施和活动,在"三江并流"区域和毗邻区域不断地开展森林管理、植树造林及植被恢复等活动,借助植物资源的光合作用,稳步吸收空气中的二氧化碳,将它固化到土壤或者植被中,充分发挥森林资源对二氧化碳的储存及收汇作用,进一步降低空气中二氧化碳的浓度。

我国应该将其当作环境保护及增加低碳的一张关键生态牌,稳步提升中国在世界生态保护领域的话语权和地位,将其当成关键的水源涵养区、产流区及补给区。对"三江并流"区域和毗邻区域而言,它是我国西南地区甚至我国保育生态环境及促进经济社会高质量发展的前沿阵地,具有至关重要的地位和作用,在补给及涵养水源、水土保持、调节气候、生物多样性的保护等领域,都体现出了不容忽视的生态地位及特殊功能。它的生态系统非常完整,不但能够为国家的高原生态提供重要的安全屏障,还是我国生态安全机制的关键部分之一[1]。一旦这个区域出现了生态环境恶化的现象,势必会发展为严重的生态危机,借助江河生态链,将其传导到"三江并流"的相关流域中,对相关流域群众的生活质量和生存环境造成重大影响。所以,建设及保护该地区的生态多样性,不但会影响到西南地区广大人民的发展及生存,也会对我国乃至东南亚的整体生态安全造成重大影响。与此同时,国际社会已经将生态外交当成了一国外交的关键内容之一,通过构建国家层次的"三江并流"生态建设试验区,实施相应的综合配套性改革措施和活动,将建设与保护该地区的生态环境当成中央政府积极发展和增加低碳的一张关键生态牌,提升中国在世界生态保护领域的话语权和地位,增加和发展低碳经济,树立和维护中国在世界范围内的负责任的大国形象。

第二项收益：能够有效展示地球演化关键阶段的代表地点。

"三江并流"区域和毗邻区域处在南亚、东亚及青藏高原的交汇处。从地质方面来看，这也是我国青藏高原朝着东南方向的延伸部分，属于横断山脉中的主体部分，这种巨大的复合造山带也是全球范围内受挤压程度最紧、被压缩到最窄程度的，能够有效地表现出地球在具体演化过程中的重大事件（比如青藏高原出现隆升现象及特提斯演化等方面）的非常关键的地区。地壳变形非常强烈，而且持续抬升，于是该地区出现了独特的地质构造，它的深大断裂非常密集，受到了多期变质及岩浆的作用[57]。"三江并流"区域和毗邻区域拥有非常丰富的岩石种类，地质遗存处于非常完好的状态中。蛇绿岩的发育完好，与之相伴的层状辉长岩、枕状玄武岩、深水硅质岩能够表现出海洋地壳的具体演化过程。从古生代到第四纪，出现了多元化的沉积岩系列，它展示了从原来的深海盆到后来出现的台地的重大沉积相变。岩浆岩出露在外，能够为人们更好地了解地壳深部丰富的地质作用提供信息。崇山、高黎贡山、石鼓及雪龙山等多个变质带，能够很好地表明造山运动过程中叠加变形及多期变质的具体过程[1]。

"三江并流"区域和毗邻区域也是多种类型的高山地貌及其持续演化的典型区域。因为它们的地理位置非常独特，地质演化比较复杂，在该地区出现了 118 座海拔高于 5000 米的山峰，比如著名的白茫、梅里、哈巴、碧罗、甲午及察里等多座雪山[59]。山岳冰川和这些雪山如影随形，此外也涵盖了冰蚀湖，其数量达到数百个，也有不少其他类型的冰川地貌，在这其中，从 2700 米海拔的青山翠谷逐步升高到海拔超过 6000 米的是处于低纬度的明永冰川。

"三江并流"区域和毗邻区域中，侵蚀花岗岩峰丛地貌的覆盖范围较大，它顺着福贡高黎贡山逐步延伸，涵盖了不少发育状态的高山喀斯特地貌，比如钙华沉积、喀斯特洞穴及高山喀斯特峰丛等。黎明、罗锅箐、黎光一带存在着我国覆盖范围最大、海拔最高的丹霞地貌（这种侵蚀地貌来自老第三纪时期的红色钙质砂岩）。

第三项收益：能够助力建设展示生物与生态持续进化过程的代表地点。

"三江并流"区域和毗邻区域是全球范围内拥有最丰富的生物物种多样性的主要地区之一。因其海拔高度差达到了 6000 米，"三江并流"区域和毗邻区域中出现了诸多气候类型，比如北半球中亚热带、南亚热带、暖温带、北亚热带、温带、寒带及寒温带等，浓缩了欧亚大陆上的大部分生态环境[48]。在此过程中，它也成为自新生代以来在生物群落及物种最显著的地区。该地区中的全部大河及山脉都呈现出南北向分布的变化态势，因为绝大多数地方都没有被第四纪冰期的大陆冰川所掩盖，因此这个地方也变成了欧亚大陆上各种生物物种来来往往的关键避难所及通道。

"三江并流"区域和毗邻区域的面积还不足我国总国土面积的0.4%，然而此处拥有的高等植物种类超过国内总量的 20%，在这其中，涵盖了 200 多个科、1200 多个属、6000 余种植物。此外，这里还生存着173 种哺乳动物、417 种鸟类、59 种爬行类动物、36 种两栖类动物、76 种淡水鱼、31 种凤蝶类动物，上述动物的种数超过了我国动物总种数的25%。"三江并流"区域和毗邻区域也是欧亚大陆上拥有最丰富的生物群落的地区，涵盖的植被型及植被亚型分别达到了 10 个和 23 个，群系达到了 90 个，此处涵盖了北半球除海洋及沙漠之外的全部生物群落类型，几乎是北半球所有生物生态环境的一个缩影[1]。

第四项收益：能够有效进行濒危物种栖息地建设及生物多样性保护。

"三江并流"区域和毗邻区域是东西会合、南北相互交错的地区，具有复杂的地理成分，横断山区是本地区特有的类型，这个核心地带的成分非常突出，其中的生物区系非常具有代表性，也是我国拥有最丰富的生物多样性的区域。在我国 17 个生物多样性保护的"关键地区"，该区域排在首位[57]。"三江并流"区域和毗邻区域也是欧亚大陆上最重要的植物、动物起源中心及分化中心，该区域中的特化物种和原始物种同时存在,进化与孑遗种类(活化石植物)彼此混生,拥有多种原始类群,特有类群丰富,也有多种类型的寡型属或者单型属的种。"三江并流"区域和毗邻区域的地理位置非常独特,始终是濒危、珍稀植物、动物的避难所。此处列入国家保护植物的种类为 34 种,列入省级保护植物的种类达到了 37 种,列入国家级保护动物的种类为 77 种,列入 CITES(濒危野生动植物种国际贸易公约)名录的动物种类达到了 79 种。"三江并流"区域和毗邻区域也是全球知名度最高的植物、动物标本模式主要产地之一。当前已经采集到大约 80 种动物和 1500 种植物的模式标本。

2.间接收益

"三江并流"区域和毗邻区域的广大群众,积极响应国家大力保护天然林政策的号召,为顺利发展长江中下游地区的黄金经济带奠定了扎实的生态环境基础,该黄金经济带也是最大受益者。当前,长江中下游地区大概有 4 亿人,但仅有 90 万人生活在"三江并流"区域和毗邻区域[59]。可以说,他们维护着中下游经济带 4 亿人的幸福,为中下游不断增加经济收入、持续增强经济实力提供稳定的生态环境,但是该地区依旧有接近 1/4 的群众生活在贫困线下。"三江并流"区域和毗邻区域的广大群众积极奉献,长江中下游地区的群众收益最大。后者的年均收入比前者的年均收入高出数倍乃至几十倍,后者收入中很大比例都来源于"三江并流"区域和毗邻区域群众积极保护当地生态环境而做出的无偿奉献[64]。

间接收益还体现在良好的生态环境带来的旅游收入的增加。怒江州出台了《加快怒江州旅游业发展的意见》,狠抓旅游规划落地,整合各部门力量,高起点开发,高标准建设,高品位规划,建设以独龙江、丙中洛为核心的 7 个景区,串点成线,连线成面,形成大小融合、特色鲜明、高端旅游与大众旅游相配套的旅游精品景区。精心设计六库—独龙江、六库—片马、六库—丙中洛旅游精品线路,大力开发康体养生旅游新产品。全新打造丙中洛、独龙江等各具民族特色的旅游小镇和百花岭、木尼玛、老姆登、秋那桶等民族特色旅游村寨。独龙江、丙中洛、秋那桶等景区是云南旅游发展中的后发力量,成为"七彩云南"旅游新亮点、新品牌。2014 年,该区域共接待游客 242.4 万人次,实现旅游业总收入 21 亿元,同比增长 162.5%。

(五)"三江并流"区域生态环境保护的障碍

1. 补偿责任难以界定

首先,相关流域的下游地区群众提出,当前的转移支付制度业已为上游地区提供了相应的财政补贴,所以不再乐意对上游地区提供资金支持和生态补偿[1]。其次,下游地区的群众认为,生态效益的具体受益者范围也是模糊不清的,这是由于虽然上游地区开展了生态保护活动,但他们自身也能够直接从中受益。

2. 补偿标准较难测算

当前在建立流域生态补偿机制体系方面存在多种障碍,无法有效地评价它的生态服务的具体价值是一个主要方面。流域生态系统体现出了公共产品的性质,在构建生态补偿体系上要受到技术层面的限制。比如当前国内还不存在测算生态价值的系统化的评估方法和指标体系,依旧不能正确地测算和估计流域生态服务所具有的具体价值,因此不能精准地计算和定量分析生态补偿。此外,无法有效地将流域资源的经济、生态价值货币化,在具体操作过程中存在着较大的难度[65]。

在评价和测试流域生态系统所具有的具体价值时,必须充分分析上游地区在环境建设及保护方面的成本和失去经济发展所造成的机会成本等领域,必须具体量化上述因素。此外,要充分考虑流域下游地区的间接、直接收益状况[59]。以现行的技术条件为基础,尚无法科学地估算和求出流域生态环境的具体发展变化如何影响中下游地区社会经济的实际发展状况。对流域生态的具体服务和产品而言,它具有多大的经济价值肯定不是绝对的数值,它只能是一个相对数值,不同的地点、时间、人员,所采取的测算方式和获得的结论也就会不一样。此外,"三江并流"区域和毗邻区域牵涉诸多州市和省份,在颁布实施流域生态的具体补偿指标和标准的情况下,必须要分析怎么样确定"三江并流"区域和毗邻区域中各个行政区域的边界的具体水环境质量标准。

眼下,我国刚开始研究和利用流域生态的资源价值的相关技术,所以,在颁布实施相应的生态补偿标准的情况下,不具备核心技术和数据的支持及支撑,如此一来在建设流域生态补偿体系时,流域的下游及上游通常情况下会选用有利于本地区经济社会利益和需求的指标和方法体系,求出流域生态系统所具有的具体价值,通常情况下,计算结果之间的差距比较大,最后无法就具体的生态补偿标准达成共识,流域下游及上游难以达成有效的补偿协议,也就不可能顺利地推动流域生态补偿机制的实施和完善[29]。恰恰是因为流域中不同行政区间采取了不同的补偿标准,才出现了如此麻烦的补偿问题,在具体操作中,最后如何决定具体的生态补偿金额,要受到多方力量的持续博弈的影响。

3. 补偿模式单一

相关流域的下游地带及上游地带间单一化的生态补偿方式,也造成了跨界生态补偿实施过程中的重大障碍。就眼下的具体实践状况而言,当前主要采取政府主导流域上下游的生态补偿模式,政府部门的财政支持依旧是最主要的生态补偿资金来源,地方政府以及中央政府依旧是促进和实施生态补偿试点的关键性驱动力,私有资金并未被有效地吸引并参与这个领域中。

当前主要由政府部门主导生态补偿,这种补偿模式有无法忽视的重大缺陷,即生态补偿会受到行政区域的具体制约。假如政府部门在财政转移支付领域出现了各种问题,如不是在由上级政府向下级政府担负相应的补偿责任的情况下,就不可能顺利地进行生态补偿。当流域补偿的客体及主体都是相同级别的政府部门时,因为牵涉所在地区的国内生产总值和经济发展增速的影响等具体问题,各种补偿主体不再乐意提供相应的资金支持,不想为上游政府分担相应的生态建设和保护成本。当前,国内还存在着非常弱小的市场化生态补偿份额,对上中下游地区而言,他们不乐意,也不能高效率地分担相应的生态环境建设和保护的责任。因为政府部门起主导作用的生态补偿模式依旧占据着主导地位,当前并未充分地发挥出市场化的生态补偿方式的极大优势。除此之外,国内非常缺乏流域生态补偿资金的具体投资融资途径和渠道,也就不能确保相关方面提供和获得充足、有效的生态补偿资金供给。

4. 制度环境的局限

(1)法律层面的制约

从法律的视角分析,我国在流域生态补偿方面的立法状况非常滞后,导致我国无法依法解决生态补偿中出现的法律支撑效力不足的问题。国内当前采取的政策法规仅仅论述了构建和实施流域生态补偿机制的基本原则和设想,却未能从法律层面明确规定跨行政区在流域生态补偿方面的具体问题[66]。缺乏下列重点内容:首先,不能明确流域生态补偿的模式、客体、主体、标准、资金来源及具体用途等。尽管2008年《中华人民共和国水污染防治法》(2008年修订版)第七条明文要求,"国家通过财政转移支付等方式,建立健全对位于饮用水源保护区区域和江河、湖泊、水库上游地区的水环境生态保护补偿机制",但是并未颁布实施相应的具体标准。其次,我国虽然积极探索流域生态保护措施和做法,并开展了大量活动,但是无法以有力的法律手段来解决实践中发生的多种新问题。

(2)管理制度的约束

各种类型的保护区间出现了地域重叠现象,面积较大,发生了同一片地理区域同时属于若干种保护区域的问题[67]。国务院于1989年正式批准云南省申报的"三江并流"区域为国家级风景名胜区,属于第二批风景名胜区之一。世界遗产委员会于 2003 年将该地区命名为世界自然遗产。除此之外,这个区域也涵盖了大量特殊保护区,比如怒江自治州、迪庆自治州及丽江市的风景名胜区、自然保护区、国家地质公园及森林公园等。在多种类型的保护区域中,该区的覆盖范围最大,占地面积约 3.4 万平方千米,约占该区域总面积的 83%(总的三江并流区域覆盖范围是 4.1 万平方千米)[1]。所以该区大体上涵盖了该处世界自然遗产地中所划定的 8 个片区;涵盖了该区域中的 9 处县级、省级及国家级自然保护区,如高黎贡山国家级自然保护区等;涵盖了 10 个风景名胜区,如梅里雪山等。

保护区域存在着重叠现象,导致国内诸多保护区域之间采取了"条块分割"的现行管理体制,也因利益纠葛而引发冲突。相同区域可能同时属于风景名胜区及自然保护区,不同行政部门实施管理和控制,在不一样的管理理念的指导下,运用的管理策略也各不相同。云南省为了对"三江并流"区域进行管理,组建了四级管理机构,从省到区(州),再到县,最后到管理站(所),其中以"三江并流"管理办公室(后更名为"三江并流"管理局)为首。除此之外,为了有效地管理该区域,也建立了以省直遗产管委会为主要领导机构的四级管理机构。由此可知,虽然还没完全决定"三江并流"地的具体界线,然而已确立下来的 8 大片区均处在"三江并流"区域的范围内,基本上涵盖了后者中的核心区域[1]。因此,两个管理机构出现了权限及管理区域的高度重叠。除此之外,上述两大区域均涵盖了不少风景区及自然保护区,因为这些自然保护区也建立了相应的管理机制,因此不同管理机构之间势必会彼此"打架"。管理机构和政府部门间存在着不同的利益需求,造成了地方政府长时间在保护生态和经济发展之间徘徊、彼此顾盼,并非一定支持生态环境的建设和保护,反而在不少情况下,为了促进本地区的经济发展,实现相应的经济指标,强行干预保护区建设和资源开发。

从另一方面来看,在当地前的流域管理机制内,上下游地区中不同的行政区中的林业、水利、农业及环保部门均行使具体的管理权限。但是这些单位都采取独立性较强的工作程序来管理生态资源,出现了多头管理的状态和管理体制,最后造成了生态保护的低效问题。除此之外,同时存在着行政管理和流域资源保护的具体部门,导致无法系统化地管理流域资源的量和质的问题,在相当程度上造成了非常混乱的流域生态补偿问题[53]。眼下国内尚未构建统一化的区域管理及流域管理密切联系的协调管理机制。与此同时,国内在实施横向管理体制时有诸多不足,尤其是不具备跨地区、跨流域的协调体制,这也造成了实施跨界流域生态补偿的多种机制性、体制性障碍。"三江并流"区域覆盖了若干个省区,如果要进行流域生态补偿,会牵涉方方面面的权力抗衡和利益冲突。从流域管理方面来看,因为不具备高效率的跨省区流域生态协调补偿体系,通常情况下无法就跨界生态补偿取得一致或者达成共识,也就不能顺利实施跨界生态补偿。

(3)产权制度的混乱

事实上,对流域生态资源负有管理职责的部门涵盖了农业及环保等部门。除此之外,《中华人民共和国水法》未能清楚地确定用水户在利用水资源中的主体地位,仅仅规定了取水许可制度,且无法转让,如此一来,在水资源利用中出现了"产权模糊"的问题。如此模糊的水权界定不能有效地促进流域生态补偿的市场化模式的发展,国家并未对流域上下游分配相应的初始水权,也未能清楚地确定上下游分别应该担负的责任及能够享受的权利,造成了开发及保护流域生态环境的各种乱象。

(六)"三江并流"区域后续产业发展的实证分析

"三江并流"区域作为世界遗产地,资源的开发与保护这一矛盾尤其尖锐。保护自然遗产、天然林保护、退耕还林、退耕还草的要求限制了相关地区矿产、水电、生物等资源的开发,而仅靠以政府为主的生态补偿远远不够实现该地区的发展,一定要建立和提高区域的自我发展能力,积极培育后续产业,找到一条实现保护生态与当地经济社会发展双赢的道路一直是该区域探索的方向。

1. "三江并流"区域后续产业发展的重要性

(1)强化全球生物多样性保护,构建国家生态安全屏障的内在支撑

"三江并流"区域是全球生物多样性非常突出的温带森林生态系统,特有的植物类群最为丰富。特殊的地质构成也极具科考价值,如黎明丹霞地貌区,由于特殊地质结构形成冻层,景观的规模和质量在全球都具有代表性。同时,"三江并流"区域作为国家重点生态功能区、西南生态安全屏障的核心区域,在全国生态文明建设中的作用将越来越重要[①]。该地区的后续产业如能得到积极发展,经济社会发展内生动力就会得以形成,有助于国家战略的实现,为全球生物多样性保护做出贡献。因此生态补偿机制要发挥长期可持续的效果,产业补偿是其中一个重要方面。

(2)协调保护与开发矛盾,提升自我发展能力的重要路径

"三江并流"区域作为世界遗产地,资源的开发与保护这一矛盾尤其尖锐。"三江并流"区域同时是云南经济社会发展比较滞后的地区,保护自然遗产、天然林保护、退耕还林、退耕还草的要求限制了相关地区矿产、水电、生物等资源的开发,而仅靠以政府为主的生态补偿远远不够实现该地区的发展,一定要建立和提高区域的自我发展能力。因此,转变思路,发挥生态优势,积极培育后续产业、找到一条实现保护生态与当地经济社会发展双赢的道路一直是该区域探索的道路[②]。而当前"三江并流"区域在保护生态环境、培育后续产业、破除发展制约上也具有一定的基础和可行性。2010年以来,"三江并流"区域包含的8个县(市)都在积极发展特色生态农业,通过开展林下种植药材、蔬菜等

---

①国务院:《全国主体功能区规划》,国发〔2010〕46号,2010年12月21日。

②中共中央、国务院:《中共中央 国务院关于打赢脱贫攻坚战的决定》,中发〔2015〕34号,2015年11月29日。

农作物与适度性散养畜禽等方式,在不破坏原有生态平衡和自然资源的前提下,充分利用土地发展特色农产品生产,既能充分保持水土、涵养水源、保护生物多样性,又能创造可观经济社会效益。"三江并流"区域也积极开发生态旅游,如迪庆州、怒江州还在努力探索国家公园模式。只有在保护生态的约束下合理利用资源与能源,才能跨越高能耗、高污染的发展方式。

(3)避免"资源诅咒",实现可持续发展的必然选择

在地区发展中,资源富集地往往选择的支柱产业主要是依托对资源的开发而建立的采掘业和初级产品加工业,发展的不可持续现象突出。"三江并流"区域以前的产业结构的这个特点很突出。该地区 8 个县(市)都出现过实施"天保工程"后林木经济明显受到负面影响的情况。兰坪县矿产资源型经济对 GDP 的贡献超过 80%,而近几年受国内外经济形势的影响,经济增长增速明显下滑。这些区域随着资源的开发,一方面面临环境保护的压力,另一方面面临资源枯竭的挑战。因此,加大培育后续产业,建立促进可持续发展的体制机制,是加快转变经济发展方式、实现可持续发展的必然选择。

(4)促进农民增收,成为当地群众脱贫致富的重要抓手

迪庆州 1998 年开始停止天然林采伐,玉龙县也是 1998 年开始天保工程,怒江州天保工程 1998 年在兰坪试点,2000 年全面启动。之后这些地区都受到了"木头财政"的影响,群众的收入、政府的财政来源都大大减少,陷入了经济社会发展困境。"三江并流"区域如何实现"与全省全国同步"的硬任务,是摆在当地政府与人民面前的一项紧迫任务。而发展后续产业,通过鼓励群众开展特色农产品生产,发展具有地域特色的种养殖品种,延长生态产品产业链,发展生态旅游业,能够实现产业多次增值和资源的综合运用,形成新的收入增长点,使之成为当地群众脱

贫致富的重要产业支撑和主要方式①。

(5)践行民族团结进步,促进生态文明建设的物质基础

"三江并流"区域是一个少数民族的聚集区,充分做好后续产业的培育,有利于较快实现少数民族和贫困地区经济跨越发展,促进区域经济协调发展,为实现民族团结进步示范区奠定重要的物质基础。

而要成为生态文明建设排头兵,在建设生态文明的同时,必须探索生态建设产业化模式,尝试把生态优势转化为发展优势;要探索生态文明建设的长效机制,推进后续产业绿色化、循环低碳发展,使生态建设项目的社会效益最大化。在创新、协调、绿色、开放、共享的发展理念下,结合新型产业业态,继续探索碳汇项目的运作模式,探索新型生态产业的发展,并总结具有推广价值的经验,成为真正的排头兵。

2. "三江并流"区域后续产业发展面临的环境

发展后续产业,一定要考虑外部和内部环境。外部环境是对其今后发展的一种约束条件或支撑条件,内部环境主要考察其已具备的自身优势或当下存在的不足。

(1)后续产业发展的外部环境

云南建设"民族团结进步示范区""生态文明建设排头兵""面向南亚东南亚辐射中心",其中"三江并流"区域可以成为云南这三个定位中很好的试点区。云南省不少民族地区自然资源丰富,而自我发展能力弱的问题非常明显,实现各民族共同繁荣发展对促进少数民族地区经济社会发展有重要现实意义。"三江并流"区域同时具有云南这三个定位的要素,能够在不断探索中为云南实现跨越式发展提供经验总结。

①从国际形势来看:区域一体化的趋势愈发明显,经济全球化也日益深化,合作仍是当今世界的主流。我国的"一带一路"倡议得到了许多

---

①国家发展和改革委员会:《国家及各地区国民经济和社会发展"十三五"规划纲要(上下册)》,北京:中国市场出版社,2016 年 8 月第 1 版。

国家的积极响应,这对"三江并流"区域来说,能够有更加开阔的空间利用外部资源,为某些领域实现跨越发展提供可能。同时后续产业的产品会具有更加广阔的市场。另外,国际上对环境的关注度日益增强,通过市场化进行补偿的方式也取得一定经验,生态服务产品将会成为未来的新兴产业之一。例如,国际碳金融市场的发展,就为"三江并流"地区新兴生态产业的发展提供了机遇。

②从国内形势来看:"十八大"以来将生态文明建设提高到前所未有的高度,成为我国未来发展的重大战略。"三江并流"区域作为国家重点生态功能区、西南生态安全屏障的核心区域,在全国全省生态文明建设中的作用将越来越重要。"青山绿水就是金山银山",五大发展理念引领新的发展,这些思路的改变会给"三江并流"区域后续产业的发展提供新的路径。国家注重区域统筹协调发展,中央对民族地区发展的重视和支持,各项重大政策进一步向边疆民族地区倾斜。西部大开发力度进一步加大,为"三江并流"区域加快发展基础设施、优势特色产业等方面营造了良好的外部环境。

③从云南省内形势来看:云南省第九次党代会提出发展高原特色农业,重点建设"六大内容"①,打响"四张名片"②,打造一批特色优势产业,推进"八大行动"③,并提出了具体措施,为今后"三江并流"区域特色产业的发展指明了方向。

④从未来一个时期来看:一方面世界经济将处于缓慢复苏和"弱增长"格局,美、日发达经济体经济复苏缓慢,新兴经济体调整压力增大。世界经济状况对我国出口型经济形成严峻挑战,必然也影响到"三江并流"区域外需的增长。另一方面,发达国家纷纷进行"再工业化"等产业

①即"大力发展高原粮仓、大力发展特色经济作物、大力发展山地牧业、加快发展淡水渔业、大力发展高效林业、大力发展开放农业"六大内容。

②即"丰富多样、生态环保、安全优质、四季飘香"四张名片。

③即"用城乡统筹统领农业,用农业机械装备农业,用现代科技提升农业,用市场理念经营农业,用新型农户发展农业,推进农业区域化布局、标准化生产、规模化种养、产业化经营,着力构建和完善现代农业产业体系,提高农业综合生产能力、抗风险能力和市场竞争力"八大行动。

战略调整,势必影响中国的产业发展,"三江并流"区域也会受到大的趋势的影响。

⑤从主体功能区规划来看:"三江并流"区域8个县(市)大都处于主体功能区中的限制开发区和禁止开发区,资源利用受到很大限制,经济机会分布存在差异。而转移支付又不完善,资金到位不充足,后续产业发展经济机会支持、资金支持受限。同时,资源环境约束加大,主体功能区建设对"三江并流"区域生态环境建设提出更高要求。重点生态功能区将降低经济增长考核,实行更加严格的生态环境考核,这对"三江并流"区域后续产业发展的新增建设用地、水资源消耗、能源资源消耗、排放污染物等提出更加严格的要求。

⑥从经济新常态来看:经济发展的动力逐渐转换到促进结构优化升级、创新驱动发展和体制机制创新上,推动大众创业、万众创新,增强发展动力和活力。而"三江并流"区域后续产业的培育更多的还是基于当地的特色资源,当前的国内宏观形势对今后该区域产业发展的创新能力提出了要求,并且时间紧迫。

(2)后续产业发展的内部环境

①"三江并流"区域有丰富的资源。该区域具有"世界生物基因库"的美誉,特有植物种类最为丰富,"占我国国土面积不到0.4%,却拥有全国20%以上的高等植物和全国25%的动物种数"[68]。并且民族文化资源绚丽多彩,旅游资源得天独厚,水能资源开发潜力指日可待。不过,从问题导向看,我们更多关注"三江并流"区域发展后续产业存在的不足。

②区域经济发展的内生动力明显不足。突出表现为综合经济实力不强,经济总量小,财源单一,财政收支矛盾突出。从GDP总量看,云南省共129个县(市),2014年泸水市位居全省第103位;福贡县居第127位;贡山县居第129位;兰坪县居第93位;香格里拉市居第37位;德钦县居第122位;维西县居第104位;玉龙县居第80位。除了香格里拉市,

其余都位居全省后列。从人均 GDP 看,2014 年怒江州人均 GDP 低于全国平均水平 28112 元;迪庆州人均 GDP 低于全国平均水平 10439 元;玉龙县人均 GDP 低于全国平均水平 25072 元。从地方公共财政预算收入看,云南省 16 个州市中,2014 年怒江州的公共财政预算收入仅占全省的 0.55%,位居全省第 16 位,财政自给率仅为 14.7%;迪庆州公共财政预算收入仅占全省的 0.9%,位居全省第 15 位,财政自给率仅为 14.3%。综合实力不强,经济整体抗风险能力不强,发展水平和发展质量与全国、全省平均相比,依然存在较大差距。

③基础设施滞后。怒江州是云南省唯一没有高等级公路、航运、机场的地州,地处边境一线,是市场的末端,受远离市场的制约、运输成本高;2014 年迪庆州公路网密度每百平方千米仅 22.5 千米,远低于全国每百平方千米 45.4 千米和全省每百平方千米 56.6 千米的平均水平。城镇化建设滞后,2014 年怒江州城镇化率为 26.59%,位居全省第 16 位。迪庆州城镇化率为 29.44%,位居全省第 14 位。这也带来了农村剩余劳动力转移空间狭小、市场功能弱、商品流通不畅等一系列问题。

④产业支撑作用不强。"三江并流"区域自然资源虽然相对富集,但产业发展仍处于较低层次且结构不合理。经济结构还不尽合理,产业优势不明显,资源型、初加工型的产业仍占主导地位,产业支撑力度较弱;主导产业链较短、关联度低,抗风险能力差。工业化仍处于初级阶段,农业产业化水平不高,龙头产业单一,企业数量少、规模小、布局分散,非公经济发展滞后,整体素质不高,竞争力不强。

⑤扶贫攻坚任务艰巨。"三江并流"区域贫困人口多,一方面自然生存条件差,与外界连通不紧密;另一方面人口素质不高,脱贫的难度大。目前,该区域的贫困发生率还相对较高,尤其绝对贫困和脆弱人群的贫困依然严重,减贫任务还相当艰巨。2014 年怒江州农村贫困人口还有 17.33 万人,贫困发生率为 38.65%(泸水市、福贡县、贡山县和兰坪县的贫困发生率在全省分别居于第 19、1、3 和 7 位)。2014 年迪庆州农村贫困人口还有 11.58 万人,贫困发生率为 36.38%(香格里拉市、德钦县和

维西县的贫困发生率在全省分别居于第 18、8 和 6 位),居住在丧失生存条件的高寒山区的赤贫人口还有近 3 万,扶贫成本高、难度大。"三江并流"区域农民整体文化素质偏低,文盲半文盲比例较高。如怒江州人均受教育年限分别比全国、全省平均水平低 2 年和 0.8 年。农民受文化素质的限制,致使具有资源保护、培肥地力、环境污染小的新型农业技术难以推广应用,这在一定程度上制约着扶贫效果的体现。

⑥同质性产业区域竞争压力增大。当前一些区域合作还没有明显成效,相似产业面临着越来越大的竞争压力。"三江并流"区域的旅游资源具有丰富而相似性的自然景观,更有人文共同点;北区域同时存在香格里拉和"三江并流"两个世界级旅游品牌。怒江州、迪庆州和玉龙县在积极开展旅游后续产业发展的同时,不仅面临着相互之间的竞争,还面临着和周边区域越来越大的竞争,若不能很好地协调,发展竞争的同质化必然会导致竞争的恶性化。

3. "三江并流"区域后续产业发展的基本情况

(1)产业发展现状

①产业概况。"三江并流"区域自然资源虽然相对富集,但产业发展仍处于较低层次且结构不合理。经济结构还不尽合理,产业优势不明显,资源型、初加工型的产业仍占主导地位,产业支撑力度较弱;主导产业链较短、关联度低,抗风险能力差。工业化仍处于初级阶段,农业产业化水平不高,龙头产业单一,企业数量少,规模小,布局分散,非公经济发展滞后,整体素质不高,竞争力不强。

从表 3-4 可以看出,"三江并流"区域 8 个县(市)的 GDP 总额偏小。在三次产业结构中,特点不尽相同。2014 年香格里拉市的第一产业比重最小,只有 4.3%;第一产业比重最高的是福贡县,达到了 22.3%,差距为18%。第二产业比重最低的是福贡县和贡山县,分别只有 16.7% 和19.8%,工业化落后也是这两个地区经济体量小的原因之一。其余地区

表3-4　2014年"三江并流"区域产业结构比较

地区	GDP/亿元	第一产业增加值/亿元	第二产业增加值/亿元	第三产业增加值/亿元	三次产业增加值之比
泸水市	37.39	5.85	13	18.54	15.6:34.8:49.6
福贡县	10.32	2.3	1.72	6.3	22.3:16.7:61.0
贡山县	8.85	1.92	1.75	5.18	21.7:19.8:58.5
兰坪县	41.52	6.27	15.99	19.26	15.1:38.5:46.4
香格里拉市	90.94	3.93	31.4	55.61	4.3:34.5:61.2
德钦县	22.47	1.48	8.95	12.04	6.6:39.8:53.6
维西县	33.76	4.98	10.97	17.81	14.8:32.5:52.8
玉龙县	45.82	9.81	19.56	16.45	21.4:42.7:35.9

数据来源:根据2015年《云南统计年鉴》"2-1云南生产总值"整理计算,GDP和三次产业增加值为原始数据,三次产业之比在此基础上计算出来。

的第二产业比重都在30%以上。第三产业比重最高的是福贡县和香格里拉市,都达到了61%,但两者的工业化程度不一样,福贡县的经济发展水平要明显落后于香格里拉市,该比值高是其第二产业比重太低所致。

从表3-5可以看出,2010—2014年"三江并流"区域的8个县(市)三次产业分别的增长速度总体上表现出第一产业的增速要慢于另外两个产业的特点。而第二产业和第三产业的增速,8个县(市)的表现不尽相同,泸水市、贡山县、维西县和玉龙县的第二产业增速要高于第三产业,其他4个县(市)的情况则反之。不同的增速情况也意味着这些地区的产业发展有不同特点,今后发展后续产业时要有差异化的思路。

表 3-5 2010—2014 年"三江并流"区域三次产业平均增速

地区	GDP/%	第一产业/%	第二产业/%	第三产业/%
泸水市	10.34	6.96	12.48	8.68
福贡县	7.3	6.4	3.28	10.16
贡山县	10.24	7.74	11.8	10.24
兰坪县	8.78	6.48	7.66	11.68
香格里拉市	15.2	10.46	15.24	16.74
德钦县	15	6.62	16.58	16.8
维西县	15.66	6.98	19.9	16.12
玉龙县	11.64	5.22	19.4	10.2

数据来源:根据相应年份《云南统计年鉴》"2-1 云南生产总值"整理计算,分别计算出各地区 GDP 和三次产业的各年增速,然后取平均数得到。

②三次产业内部结构分析。从产业内部看,在第一产业中,2014 年怒江州泸水市、福贡县、贡山县和兰坪县农林牧渔业总产值完成 26.54 亿元。其中,农业产值 11.61 亿元,占农林牧渔业总产值的 43.7%,2011—2014 年平均增长 9.74%;林业产值 3.58 亿元,占比 13.5%,2011—2014 年平均增长 5.8%;牧业产值 10.03 亿元,占比 37.8%,2011—2014 年平均增长 8.77%;渔业产值 0.04 亿元,占比 0.2%,2011—2014 年平均增长 15.7%;农林牧渔服务业 1.28 亿元,占比 4.8%①。

迪庆州香格里拉市、德钦县和维西县农林牧渔业总产值完成 18.49 亿元。其中,农业产值 8.12 亿元,占农林牧渔业总产值的 43.92%,2011—2014 年平均增长 6.24%;林业产值 2.71 亿元,占比 14.65%,2011—2014 年平均增长 7.87%;牧业产值 5.85 亿元,占比 31.64%,2011—2014 年平均增长 7.72%;渔业产值 0.34 亿元,占比 1.84%,2011—2014 年平均增长 7.98%;农林牧渔服务业产值 1.47 亿元,占比

---

① 相应年份《怒江州国民经济和社会发展统计公报》,中国统计信息网-统计公报。

7.95％^①。

玉龙县 2014 年实现农林牧渔业总产值 19.48 亿元。其中,农业产值完成 8.48 亿元,占比 43.53％,2011—2014 年平均增长 23％;林业产值完成 0.62 亿元,占比 3.18％,2011—2014 年平均增长 20.2％;牧业产值完成 8.6 亿元,占比 44.15％,2011—2014 年平均增长 19.5％;渔业产值完成 0.44 亿元,占比 2.26％,2011—2014 年平均增长 19.9％;农林牧渔服务业产值完成 1.34 亿元,占比 6.88％^②。

从上述数据可以看出,"三江并流"区域农、林、牧业产值占农林牧渔总产值的比重相对较大,其中农业产值占 43％～44％;牧业均占 30％以上;林业产值怒江州和迪庆州均占总产值的 14％左右,而玉龙县则只占 3％左右。总体来说,该地区林业产值偏低,与 70％以上的森林覆盖率的资源现状有偏差,且增速上也不具备明显优势,迪庆州、玉龙县的林业增速基本和农牧渔业持平,怒江州的林业增速则明显低于其他行业。而林业产业增强对增加农民收入具有重要意义,如怒江州 2013 年农民人均纯收入中林业收入实现 1467.37 元,占农民人均纯收入的 45.1％。因而这也是今后进一步发展生态产业应该重点加强的方向。

在第二产业中,"三江并流"区域明显具有以不可持续资源加工利用为主的特点。如在怒江州的工业发展中,兰坪县占据了较大份额,兰坪县重点开发了以矿产资源开采和加工为主的采掘业和有色工业、水电开发,资源型特点明显。

根据迪庆州 2014 年国民经济和社会发展统计公报有关数据,迪庆州 2014 年在规模以上工业增加值构成中,全年实现增加值 16.94 亿元,黑色金属矿采选业实现增加值 2.5 亿元,增长 22.6％;有色金属矿采选业实现增加值 5.6 亿元,增长 9.3％;农副食品加工业实现增加值 1.17 亿元,增长 22.3％;黑色金属冶炼和压延加工业实现增加值 1.38 亿元,增长

---

①相应年份《迪庆州国民经济和社会发展统计公报》,中国统计信息网-统计公报。
②相应年份《玉龙县国民经济和社会发展统计公报》,玉龙纳西族自治县人民政府门户网站。

8.7%;酒、饮料和精制茶制造业实现增加值 2.02 亿元,增长 11.2%;食品制造业实现增加值 0.23 亿元,增长 6.9%;电力、热力生产和供应业实现增加值 2.56 亿元,下降 2.5%①。迪庆州的工业结构表现出明显的矿产资源性特点,但农副食品加工业、食品制造业增长较快,是今后工业后续产业潜力之一。另外,酒、饮料和精制茶制造业发展较为缓慢,这也应是特色产业发展的一个重要方向,需要寻找制约因素加以破解。

玉龙县 2013 年全年完成工业总产值 22.32 亿元,比上年增长 76.4%,其中规模以上工业完成产值 20.05 亿元,增长 86.7%,工业经济对经济增长的贡献率达到 65.3%,拉动 GDP 增长 11.24 个百分点②。从上述数据可以看出,玉龙县规模以下工业比重是很小的,需要进一步结合特色后续产业,发挥中小企业的潜力。

"三江并流"区域第三产业中发展较快的是旅游业。怒江州四个县(市)2014 年全年接待国内外游客 253.28 万人次,2011—2014 年游客人数年均增长 11%;2014 年实现旅游总收入 21.13 亿元,2011—2014 年旅游收入年均增长 20.38%③。

迪庆州三个县(市)2014 年共接待国内外游客 1440.89 万人次,2011—2014 年游客人数年均增长 23.7%;2014 年实现旅游总收入 129.6 亿元,2011—2014 年旅游收入年均增长 21.8%④。

玉龙县 2013 年接待国内外游客 753.02 万人次,2011—2013 年游客人数年均增长 14.15%;实现旅游综合收入 75.57 亿元,2011—2013 年旅游收入年均增长 14.4%⑤。

总体来看,"三江并流"区域旅游资源潜力还未充分发挥。2014 年该区域的游客人数占云南省的 8.85%,旅游收入占云南省的 8.89%,与

①相应年份《迪庆州国民经济和社会发展统计公报》,中国统计信息网-统计公报。
②相应年份《玉龙县国民经济和社会发展统计公报》,玉龙纳西族自治县人民政府门户网站。
③相应年份《怒江州国民经济和社会发展统计公报》,中国统计信息网-统计公报。
④相应年份《迪庆州国民经济和社会发展统计公报》,中国统计信息网-统计公报。
⑤相应年份《迪庆州国民经济和社会发展统计公报》,中国统计信息网-统计公报。

该区域丰富的旅游资源地位并不相符,尤其怒江州旅游指标基数都很小,但这也意味着今后该区域发展旅游业还有很大空间。

(2)后续产业取得的成效

在申遗成功后,结合国家的主体功能区布局以及天保工程、退耕还林、退耕还草等项目,"三江并流"区域的政府和群众也一直在探索后续产业的培育和发展,通过提高自身能力避免绿荫下的贫困,其间已取得了一定的成效和经验。

①特色农业以基地建设为抓手,成绩显著。怒江州以百万亩林果基地、百万头商品畜基地、百万亩中药材基地、百万株庭院经济林果基地为基础原料的生物加工业为抓手,实施生态移民、绿色产业建设、生态修复工程,以林木、林果、林药为重点,大力发展咖啡、漆油、草果、核桃等生物农特产品。大力发展畜牧业,重视独龙牛、乌骨羊、绒毛鸡等特色品种的培育,促进农村特色原料基地向集约化、规模化、标准化和产业化发展。

迪庆州按照突出特色、优化结构、提高效益的原则,积极培育葡萄、核桃、蚕桑、药材和生猪、牦牛良种繁育等特色种植和养殖基地,提升特色优势畜牧业、特色种植业和经济林产业;围绕实施"饮品、食品、药品、观赏品"四品工程,积极培育和扶持酒业类、生物资源开发类、畜产品类等省级农业产业重点龙头企业;通过延长精深加工生物产业链,提升经济效益,2014年全年实现生物产值22.39亿元。

玉龙县根据山尖、山腰和山脚不同的区位优势,制定规划,培育特色资源产业基地,分类种植适宜的农产品。重点打造烤烟、芸豆、中药材、林果、马铃薯、蔬菜、小杂粮等一批自然条件好、产业基础牢、发展前景优、竞争实力强的高原特色农产业[①]。

②注重加强品牌化发展战略,效果明显。"三江并流"区域各州市在开发特色产品时都非常注重品牌的树立和推广。怒江东方大峡谷生物

---

①玉龙县农业局:《玉龙:立足资源优势 发展特色农业》,载于《创造》2012年第10期,第54-55页。

城有限责任公司开发加工的"中国木蜡",泸水市农业生产资料有限责任公司生产的"雪黎"牌草果、草果精油,三利公司生产的怒江小粒咖啡、五味子系列保健饮品、核桃油、茶果油、老窝火腿等一系列产品在市场上均占有一席之地。丽江雪桃是玉龙县科技人员开发的具有自主知识产权的生态产品,连续数年被评为"国庆国宴用桃",现在重点走高端化发展路子。推行 GAP(良好农业规范),以开放的思路加快中药材种植基地化、标准化,致力于建设面向南亚、东南亚的中药材贸易集散地。迪庆州依托"香格里拉""三江并流"世界知名品牌,大力宣传迪庆特色农产品,提高迪庆特色农产品的知名度和影响力,形成了"两酒、五油、三品、两系列"等高原特色农特产品加工体系(两酒是葡萄酒、青稞酒;五油是核桃油、橄榄油、青刺果油、菜籽油、食用漆油;三品是食品、饮品、保健品;两系列是牦牛系列和野生菌系列)。

③资源型产业集群化发展,优势增强。发展清洁能源产业,延长产业链,以纵向集群化发展提升工业经济发展的质量和水平。怒江州加大电网建设力度,充分发挥中小水电富民强州的作用;迪庆州水电开发以金沙江和澜沧江为重点、以支流小水电站为补充,积极推进澜沧江里底电站和乌弄龙电站、金沙江梨园电站前期工作,全力推进中小电站电源建设。通过整合矿产资源,推进矿电结合以及重点矿业企业规模化、集团化进程。

完善园区基础设施和配套设施,理顺园区管理体制,稳步推进县域资源型产业集群化发展。迪庆州加快医药加工基地建设,壮大生物医药产业集群,以冬虫夏草、重楼、当归、秦艽、木香、白术等为重点,加快新产品和新工艺的开发和产业化进程,扶持民族医药研发,加大龙头企业培育,提升藏药制剂生产能力。

④开始重视区域合作,初见成效。"三江并流"区域有丰富的旅游资源,旅游业在第三产业中发挥着带动其他产业发展的核心作用。各州市也把旅游业发展作为重要的后续产业。

怒江州搭建怒江旅游投资平台,狠抓旅游产业重大项目建设,立足于独特的自然风光,强化旅游产品开发,提升旅游业发展质量和水平,加大宣传促销力度,打造怒江生态旅游品牌,把该区域打造成一个具有良好生态环境、人与自然和谐发展、高山峡谷观光与健身功能合一、民族风情体验与现代享受互为补充、人类文化生态科考与神奇秘境探险相结合、突出返璞归真的世界级生态旅游区。迪庆州着力打造旅游精品,进一步推进文化与旅游业相融合,打造香格里拉全球知名的旅游度假胜地。继续抓好基础设施建设项目,加快推进梅里雪山、虎跳峡、普达措国家公园和迪庆州红色旅游、独克宗古城、石卡雪山等传统旅游向现代旅游转变。坚持以大项目为突破,积极引进战略投资者参与迪庆州的文化旅游产业建设。玉龙县推进玉龙雪山综合开发、老君山国家公园等项目,巩固提升玉龙雪山国家 5A 级景区建设成果。老君山曾被称为"滇省众山之祖",其地质构造独特、丹霞地貌壮观;有完整的垂直气候分带,植被茂盛,横断山所有的种类几乎在此都可找到。同时玉龙县还有以纳西族、白族、傈僳族等少数民族文化和风情积淀而成的丰厚的人文旅游资源。其中以傈僳族动人的芦笙恋歌、火热的民族打跳、浪漫而刺激的情人节——刀杆节、盛大的阔时节为代表的民族文化风情组成了丰厚的人文旅游资源。

当前"三江并流"旅游资源并未形成合力,面临着同构化严重、旅游资源被分割以及市场规模小、弱化等问题,因此,该区域的旅游合作已形成共识。2016 年 2 月 27 日,首届"三江并流"区域四州(市)十四县(市、区)旅游区域合作联席会议在兰坪召开。与会方希望加强沟通交流,创新区域合作方式,将"三江并流"遗产地旅游发展和州(市)级区域合作上升为云南省发展战略[①]。国内一些学者也提出,要联合起来共同来推动基础设施的建设,加快对景区的打造,把"三江并流"这个世界遗产品牌打造得更好[②]。

---

① 《首届"三江并流"旅游区域合作会议 27 日召开》,新华网-云南频道,2016 年 2 月 29 日。
② 《打造"三江并流"世界遗产地国际旅游品牌 为"旅游强省"战略注入新动力》,怒江广播电视台-新闻资讯,2016 年 2 月 29 日。

(3)后续产业发展存在的突出问题

"三江并流"区域各州市都进行了后续产业培育的积极探索,取得了一定的成果,但也存在一些普遍的突出问题。

①后续产业中一、二、三产业融合发展度不够。如前面分析的"三江并流"区域林业产值与丰富的林业资源极不匹配,还有非林非木产业主要集中在特色农产品、中草药采集加工、特色养殖等几个行业,第二产业的加工产业链没有延长,第三产业的生产性服务业及生态旅游业没有联动效应等。

②产业体系不完善。一是特色农产品品种虽然较多,但规模基本都不大。一些产品受制于规模和流通环节,如怒江州的独龙牛、高黎贡山猪、绒毛鸡等特色品种品质好,拥有较好的市场销路,但难以提高供给量,最终不能形成有效竞争力。一些产品未形成产业集群和整体竞争力,如茶叶、中药材。二是产业链条短,产业体系不完善。"三江并流"区域当前农业经营方式仍以传统的劳动密集型占主导地位,农民的组织化程度不高,龙头企业带动力弱,农产品品牌市场效益低,转化增值的效率有限。三是区域布局不合理。"三江并流"区域产品生产还未能形成具有鲜明地区特色的区域布局结构,特色明显的产品由于加工、市场等限制,销售渠道不畅,形成不了区域竞争优势。四是营销推广体系不完善。一些特色农产品已经具有较好的品质,但由于中介组织和龙头企业的产品生产转化率不高,外界对产品的认知还不充分,没有形成有效的营销推广体系。

③行政区划与经济产业带发展的矛盾。现有的后续产业发展更多的是按行政区划进行管理,而不是按经济规律以产业带的形式进行分工合作,因此往往会形成恶性竞争。

④后续产业培育和发展缺乏资金支持。退耕还林建设中,营造生态林第1轮补助政策期限为8年。实施退耕还林的退耕农户,每亩退耕地每年补助现金105元。期满后兑现给退耕农户的补助标准下降,其中对

后续产业给予扶持的资金非常少。退耕还草一次性补助农户种子、人工等费用 300 元,其他补助 500 元,分 3 年补完,涉及后续产业资金扶持也非常少。"三江并流"区域本身经济发展就基础薄弱,农户本身抗风险能力就弱,若政府对后续产业的扶持再不到位,农户自身承担能力有限,可能会威胁到退耕还林、退耕还草的成果。

四、"三江并流"区域生态补偿现状与补偿意愿调查分析

"三江并流"区域因其特殊的地理位置及罕见的地质地貌特征,在1988年被国务院批准为第二批国家重点风景名胜区,获得一定的资金及其他相应发展与保护的政策支持[43]。然而,由于这一区域地质地貌环境非常脆弱,生态系统自动调节能力较差,生态环境一旦被破坏,修复起来难度极大,因而不适宜进行大规模资源开发①。在全国总体的功能区划中,"三江并流"区域中80%以上的地区都属于限制开发区和禁止开发区,这一区域的开发权受到极大的限制,致使其一方面守着极其丰富的自然资源不得开发,经济社会发展受到了严重的制约,饱受贫穷的困扰;另一方面要为全省甚至全国的生态利益支付巨额成本,失去发展的机会,与其他地区的发展差距不断扩大,承受着经济落后和生态保护的双重压力,要缓解这种发展压力,缩小区域经济差距,改善民生,维护社会稳定,促进协调发展、绿色发展和共享发展,"三江并流"区域就必须建立和完善适合本区域发展的有效的生态补偿机制。

(一)"三江并流"区域的生态补偿情况

生态补偿作为一种以保护和可持续利用生态系统为目的的制度安排,在我国首先是以森林生态效益补偿开始推进实施的,而正式从法律的角度提出森林生态效益补偿是在1984年颁布并于1998年、2009年

---

① 云南省人民政府:《云南省主体功能区规划》,云政发〔2014〕1号,2014年1月6日。

二次修正,2019年修订的《中华人民共和国森林法》,其中第七条明确规定:"国家建立森林生态效益补偿制度,加大公益林保护支持力度,完善重点生态功能区转移支付政策,指导受益地区和森林生态保护地区人民政府通过协商等方式进行生态效益补偿。"①相关法律条文真正得到具体实施是在2000年国家颁布的新的《中华人民共和国森林法实施条例》(以下简称《条例》),《条例》明确提出"防护林和特种用途林的经营者,有获得森林生态效益补偿的权利"②的要求后,财政部于2001年通过调配预算资金建立森林生态效益补偿基金,而且初步实施了天然林保护工程的补偿方案,才使得森林生态补偿得以正式实施。在经过2001—2003年试点的基础上,于2004年由财政部和国家林业局共同制定出台了《中央森林生态效益补偿基金管理办法》(财农〔2004〕169号)③。这一管理办法的出台,意味着我国正式构建起了森林生态效益补偿制度。而云南的生态补偿的推进是以天然林保护为契机的,1997年黄河断流200多天、1998年长江水灾直接促使国家在1998年出台了天然林禁伐的政策措施,使得云南省迪庆州、怒江州等原来以森林开发为主要发展模式的地区不得不调整发展思路,将原来的"伐林"变为"护林",并由政府强力推进生态环境的保护和综合治理。生态补偿正是在这一过程中逐步得以推进并获得当地政府和民众的认可和支持,逐步形成了当前云南生态补偿的现状。目前,"三江并流"区域的生态补偿基本框架和流程具体见图4-1。

从图4-1可以看出,当前"三江并流"区域的生态补偿主要由政府推进,首先由中央政府制定相关的政策法规,并建立相应的补偿基金对相关地区的生态补偿给予资金支持,并将生态补偿贯彻于国家发展的重

---

①《中华人民共和国森林法》第七条,中国政府网-全国人大法规库,2019年12月28日。

②《中华人民共和国森林法实施条例》第十五条,中国政府网-全国人大法规库,2000年1月29日。

③《中央财政森林生态效益补偿基金管理办法》,中华人民共和国财政部,2007年3月15日。

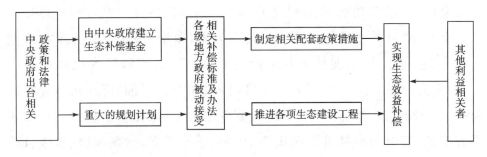

图 4-1 "三江并流"区域生态补偿基本框架和流程

大规划及战略之中,如"十一五"规划、"十二五"规划、西部开发战略等。然后层层递推,由地方政府将生态补偿任务落实到具体的工作及项目工程之中,在这一过程中加大宣传力度,逐渐形成一个由政府主导、民众参与、各方得利的生态补偿机制。具体而言,"三江并流"区域的生态补偿主要体现在以下几个方面。

1. 天然林保护生态补偿

1998 年中共云南省委、云南省人民政府发布了《关于全面停止金沙江流域和西双版纳州天然林采伐的紧急通知》,宣布从 1998 年 10 月 1 日开始,全面停止整个金沙江流域和西双版纳州天然林采伐,并同时启动实施"天保工程"[①]。由此,"三江并流"区域的迪庆州、怒江州从 1998 年开始全面停止划拨林区,停止一切商品性木材采伐、加工、运输工作,启动实施了天然林保护工程,由此开启了森林生态效益补偿。一方面,通过天然林保护,使生态环境得到及时保护;另一方面,以财政资金补贴的办法,对区域内的利益相关者进行价值补偿。从 1998 年开始到 2011 年,怒江州共投入 2.92 亿元,圆满完成了天保工程一期各项建设任务,完成国家下达计划的 101.8%,实施有效管护森林 8577.62 平方千米,营造公益林 947.26 平方千米,百分之百完成计划任务。天保工程一期

[①]《1998 年林业大事记》,国家林业和草原局政府网-林业概况,2000 年 12 月 9 日。

任务完成后,怒江州林地面积上升到 12132.73 平方千米,净增 320.16 平方千米;森林蓄积量增加到 1.6 亿立方米,净增 1303 万立方米。截至 2010 年底,怒江州实现林业总生产值 2.73 亿元、工程区农民林业纯收入 2005 元,分别是 1998 年的 6.3 倍和 2.7 倍[①]。目前,怒江州林业用地面积为 12250.59 平方千米,纳入天保工程二期森林管护任务 8951.16 平方千米,其中国有林管护面积 7070.29 平方千米,含国家级、省级自然保护区面积 3995.33 平方千米。天保工程二期森林管护任务中权属为集体的国家级 1567.45 平方千米和省级 306.82 平方千米公益林纳入森林生态效益补偿;从 2011 年实施天保工程二期森林管护以来,国家和云南省累计投入资金 36653.21 万元,其中国有森林管护补助 16590 万元;集体森林生态效益补偿资金 20063.21 万元。2011 年迪庆州共完成天保一期工程建设任务 1460.73 平方千米,其中封山育林 1047.19 平方千米,飞播造林 103.32 平方千米,森林抚育 66.47 平方千米,人工造林 101.92 平方千米,人工促进天然更新 142.07 平方千米[②]。共投入资金 56618 万元,其中财政专项资金 44528 万元,公益林建设项目资金 12089 万元。完成天然林资源保护 17228.61 平方千米,占下达计划任务数的 114%。截至 2011 年底,迪庆州林业产值 11.7 亿元,从 2009 年实施公益林生态效益补偿计划以来,全州累计补偿资金达到了 2.28 亿元。国家级公益林计划涉及全州 29 个乡(镇、农场)185 个村民委员会,一共惠及林农 29.30 万人;省级公益林涉及全州 26 个乡(镇、农场)142 个村民委员会,一共惠及林农 15.61 万人[③]。到目前为止,全州生态公益林总面积达到 17675.59 平方千米,共占全州林业用地总面积的 93.77% 左右。天然林保护工程的实施,成为"三江并流"区域最主要的生态补偿内容。

---

①《怒江天保工程一期建设生态经济社会效应"三赢"》,云南网-怒江-热点新闻,2011 年 10 月 31 日。

②永基卓玛:《迪庆州生态建设纪实》,云南网-迪庆-热点新闻,2012 年 10 月 15 日。

③永基卓玛:《迪庆州生态建设纪实》,云南网-迪庆-热点新闻,2012 年 10 月 15 日。

2. 退耕还林还草生态补偿

迪庆州退耕还林工程自 2000 年试点、2002 年全面启动以来,截至 2014 年底,累计完成退耕还林工程建设任务 265.21 平方千米,其中退耕还林 104.05 平方千米,荒山造林 148.74 平方千米,巩固退耕还林成果种植业 85.78 平方千米,完成投资 56630 万元,项目涉及全州三个县 (市)29 个乡镇、157 个村民委员会、34924 户、170866 人。通过 15 年的努力,退耕还林生态效益逐步显现。通过调查,2015 年迪庆州已产生经济效益的退耕地有 33.68 平方千米,收益 2.56 亿元。国家累计投入退耕还林政策补助 43102.96 万元。其中粮食折现及运费 29345.29 万元、现金补助 2455.21 万元、种苗补助 2745 万元、苗圃建设资金 303 万元、科技支撑资金 9 万元、工作经费 114 万元、完善政策性补助资金 8131.27 万元。享受退耕还林政策补助的人数占全州农业人口的 56.4%[①]。2000 年至 2013 年,怒江州累计完成退耕还林任务 423.55 平方千米,工程覆盖全州 4 县、29 个乡镇、206 个村民委员会,先后投入国家、省级、州级工程建设资金 6.15 亿元。2015 年全州共有 3.2 万农户、15.82 万人获得现金补助,户均每年获得补助资金 1347 元。退耕还林实施以来,怒江州有效减少了陡坡耕作和水土流失,自然灾害发生频率逐年下降,森林覆盖率由原来的 68% 提高到 72.96%,森林蓄积量由 1.52 亿立方米增加到 1.66 亿立方米[②]。

3. 湿地生态效益补偿

我国湿地生态效益补偿起步较晚,从国家层面来看,至今尚无一部专门的、综合性的湿地保护法,由中央财政支出推进湿地生态效益补偿是从 2014 年才开始的。2014 年,财政部与国家林业局共同下发了《关于切实做好退耕还湿和湿地生态效益补偿试点等工作的通知》(财农便

①《迪庆累计完成退耕还林 397600 亩》,云南新闻网-迪庆新闻,2015 年 8 月 18 日。
②《云南:怒江启动新一轮退耕还林工程》,载于《云南日报》,2015 年 2 月 9 日,第 04 版。

〔2014〕319 号),该文件明确规定了各省级财政部门、各级林业主管部门以及承担试点任务的县级人民政府,同时也包括各实施单位的具体责任,并且提出了强化相关财政资金管理的明确要求。在 2014 年,中央财政一共安排湿地补助资金达到了 15.94 亿元,资金主要用于湿地保护与恢复工作,积极启动退耕还湿、湿地生态效益补偿试点和湿地保护奖励等相关工作①。2015 年,中央财政进一步强化了对湿地保护的工作力度,下拨安排湿地补贴 16 亿元,这一块资金当中,用于湿地生态效益补偿支出为 4.05 亿元。从云南省来看,湿地生态效益补偿主要是伴随着湿地保护和恢复工作而开展的。"十二五"期间,云南省发布了《云南省湿地保护条例》,并于 2014 年 1 月 1 日正式实施。同时,还出台了《云南省人民政府关于加强湿地保护工作的意见》,制定了《省级重要湿地认定》《湿地生态监测》等系列技术指标,有效地推动了云南湿地保护与恢复。据相关资料显示,云南湿地保护率从 2012 年的 40.27% 增加到目前的 43.3%②。然而,从湿地生态效益补偿来看,云南湿地生态效益补偿目前仍然处于试点阶段,"三江并流"区域湿地生态效益补偿也主要依托自然保护区建设来推进和实施。真正意义上的湿地生态效益补偿机制并未建立起来,仅仅于 2014 年完成湿地生态效益补偿基础工作即湿地资源调查,并在此基础上对迪庆的纳帕海开展生态效益补偿试点工作。目前,该项工作正处于实施方案评审阶段。由于湿地生态效益补偿试点时间较短,还难以对其进行调研评估。

4. 其他形式的生态效益补偿

所谓其他形式的生态效益补偿,就是那些伴随着各种生态环境保护项目的实施而形成的事实补偿,如国家级、省级自然保护区的建设、国家

---

①《中央财政安排林业补助资金湿地相关支出 15.94 亿》,中国新闻网-新闻中心-国内新闻,2014 年 8 月 4 日。

②《云南省湿地保护恢复取得新进展》,中国政府网-新闻-地方报道,2016 年 2 月 21 日。

公园的建设等①。实际上,在"三江并流"区域的高黎贡山片区、梅里雪山片区、哈巴雪山片区、千湖山片区、红山片区、云岭片区、老君山片区和老窝山片区等八大片区建设及普达措国家公园建设过程中,一方面加大了对这些区域的生态环境保护,另一方面也部分实现了对这一区域民众的价值补偿。如在迪庆州普达措国家公园的建设中,通过对其中 2.3% 的面积进行开发利用,实现了对区域内 97.7% 范围的有效保护,并且使保护区面积由 141.33 平方千米增加到现在的 602.1 平方千米,使更大范围的动、植物资源和人文资源得到有效保护。另外,普达措国家公园建成后,通过旅游收入,实现了对当地民众的价值补偿。对公园涉及的 2 个乡镇、3 个村委会、23 个村民小组、785 户村户开展《普达措国家公园旅游反哺社区实施方案》的惠民工作,年总补偿社区资金达 500 多万元。截至 2014 年,普达措国家公园共向社区支付了近 4700 多万元的各种补助、补偿金,对公园社区的经济社会发展起到了积极的推动作用。

综上所述,云南省"三江并流"区域的生态效益补偿主要是通过中央财政以项目建设的方式予以支出,具体包括"天然林保护工程""退耕还林还草"湿地保护等方面,而建立在市场机制之上的区域之间、流域之间、行业之间、经济主体之间的生态效益补偿仍然处于空白状态。具体来讲,"三江并流"区域生态补偿具有以下特征:第一,补偿的主体主要是政府,形成了以中央政府为主导,以各级地方政府为支撑的架构;第二,补偿的对象和范围主要是为生态效益的生产、维护和增殖付出代价的当地居民,如"三江并流"区域内退耕还林的土地经营者;第三,补偿经费来源主要依靠各级政府财政预算安排,包括中央及省级政府财政转移支付、中央财政专项资金和地方政府配套投入资金等形成的拼盘资金;第四,补偿形式主要包括实物补偿和货币补偿两种,实物补偿主要是指粮食补助,即退耕还林还草中的以粮代赈方式。

---

①云南省人民政府:《云南省主体功能区规划》,云政发〔2014〕1 号,2014 年 1 月 6 日,第 15 页。

（二）"三江并流"区域生态补偿的效果评估

生态补偿中政府补偿是当前各国采用的主要形式之一，也是比较容易操作的一种方式。"三江并流"区域生态补偿主要就是采用这种方式，具体项目中又以天然林保护、退耕还林、退耕还草等居多。

1. 生态补偿基本效果

云南天然林保护工程 1998 年开始试点，2000 年全面推开；退耕还林还草工程从 2000 年开始试点到 2002 年全面启动；"三江并流"区域 2003 年正式申遗成功。由于这些保护措施的进行，"三江并流"区域以"木头财政"为特点的经济受到了很大影响，政府和群众的收入都明显下降。其后，随着生态补偿的逐步到位，情况有所好转。

(1)生态补偿对农民收入有正面影响但存在滞后期

"三江并流"区域开始进行生态保护的各项工程后，农民的收入受到较为明显的负面影响。生态补偿有一定效果，但存在一定的滞后期，2006 年以后开始出现补偿的正面效果。

从表 4－1 可以看到，2004 年和 2005 年这 8 个县(市)农民人均纯收入明显下滑，2004 年全省农民人均纯收入增长 3.73％，而泸水市增长 0.68％，福贡县增长 1.3％，兰坪县增长 1.4％。2005 年全省农民人均纯收入增长 2.78％，福贡县增长 0.43％，贡山县增长 0.27％，香格里拉市下降 18.7％，农民收入受到的负面影响比较明显。这一趋势大致持续到 2006 年，这 8 个县(市)的农民人均纯收入增速才逐渐缩小了与全省平均水平的差距。仍旧运用表 4－1 的数据，从图 4－2 和图 4－3 可以更直观看出这种变化。

表4-1　1997—2014年"三江并流"区域8县(市)农民人均纯收入　　单位:元

地区	1997 年	1998 年	1999 年	2000 年	2001 年	2002 年	2003 年	2004 年	2005 年
泸水市	871	1032	1039	1144	1146	1151	1152	1201	1282
福贡县	664	685	694	697	700	693	696	697	750
贡山县	669	717	745	747	710	688	696	717	754
兰坪县	951	967	981	1030	1034	1076	1172	1251	1332
香格里拉市	837	906	1133	921	958	1154	1256	1339	1558
德钦县	608	580	1182	1224		904	1059	1271	1424
维西县	454	524	892	1060	1073	933	1029	1152	1285
玉龙县							1347	1457	1570
云南省	1375	1387	1439	1479	1534	1609	1697	1864	2042
地区	2006 年	2007 年	2008 年	2009 年	2010 年	2011 年	2012 年	2013 年	2014 年
泸水市	1348	1485	1745	1972	2214	2645	3095	3593	4409
福贡县	783	927	1075	1248	1460	1832	2229	2590	3944
贡山县	789	894	1037	1257	1502	1886	2209	2635	3960
兰坪县	1406	1572	1877	1903	2201	2556	3016	3590	4406
香格里拉市	1765	2396	2696	3026	3398	4078	4867	5621	5923
德钦县	1607	2273	2616	2944	3372	4222	5136	5911	5899
维西县	1461	2186	2468	2835	3269	3995	4627	5400	5806
玉龙县	1729	2036	2507	2997	3586	4413	5290	6263	7383
云南省	2251	2634	3103	3369	3952	4722	5417	6141	7456

数据来源:根据 1997—2014 年《云南统计年鉴》"19—16 各州市县农村居民年人均纯收入"整理。

　　从图4-2和图4-3中可以看到,1997年以来,"三江并流"区域8个县(市)的农民人均纯收入曲线斜率比较平缓,明显低于全省平均水平,福贡县、贡山县收入水平略有下降。2006年是一个转折点,这8个县(市)农民人均纯收入曲线的斜率开始上升,2012年后,贡山、福贡、兰坪等甚至明显超过了全国平均水平曲线的斜率,说明增速较快。

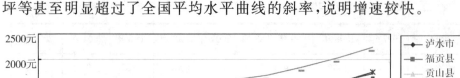
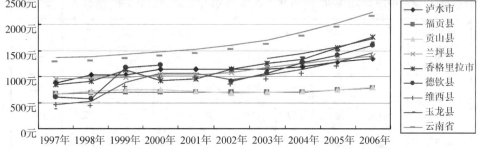

图4-2　1997—2006年"三江并流"区域农民纯收入比较

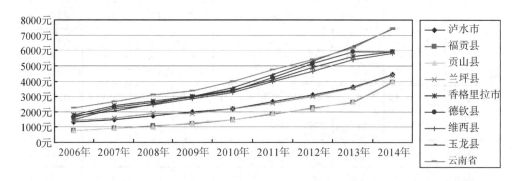

图4-3　2006—2014年"三江并流"区域农民纯收入比较

从上述分析可以大致得出:开始进行生态保护的各项工程后,农民的收入受到较为明显的负面影响。生态补偿有一定效果,但存在一定的滞后期,2006年以后开始出现补偿的正面效果。如怒江州有具体数据显示,公益林全面实施补偿后,促进了林农的增收。2012年怒江的公益林补偿直接惠及7.6万农户、近31万人;580多位专职公益林管护人员的收入也得到了增长,年均收入达6000元左右。迪庆州2010年农民从林业产业中获得的人均纯收入达1000元左右。

从地方财政收入也可以大致得出和上面一样的结论。1998年维西县财政收入比上年下滑47.3%;1999年德钦县财政收入比上年下滑15.88%;维西县财政收入比上年下滑43.7%;2000年香格里拉市收入比上年下滑14.47%;2006年后增幅差距明显缩小。而财政支出这几个地区在 2001 年都有一个明显的增加,曲线上为异常点,该年可能增加了较多的转移性支出。

(2)生态补偿对环境保护效果具有明显的正面效应

实施生态补偿以来,"三江并流"区域加大补偿资金投入,开展植被恢复,增强森林资源保护,使生态环境得到较为明显的改善。如 2009 年怒江启动森林生态效益补偿政策,2011 年开始实施天保二期森林管护工程,全州纳入天保工程二期森林管护任务 895000 公顷,国家和云南省累计投入资金 36653.21 万元[①]。"十二五"期间,怒江全州境内森林覆盖率达到了 72.96%;怒江、澜沧江、独龙江三大水系水质保持良好,均能保持在Ⅲ类以上;顺利开展了戴帽叶猴拯救与保护体系建设、白尾梢虹雉等生物多样性监测工作,珍稀动物保护得到加强;生态环境状况指数等级为优,达 93 分,排在全省第一位。

迪庆州从 1998 年开始,一直到 2010 年共建设公益林 141960 公顷,投入其中的资金达到 12254.4 万元。这一系列持续的投入和建设,使得迪庆州的生态环境得到明显恢复。"森林覆盖率由工程实施前的 65.4%提高到 73.9%,净增 8.5 个百分点;通过森林资源的恢复,减少了土壤侵蚀量 506.65 万吨,减少进入河流的泥沙量 304.5 万吨,森林蓄水量增加 3166 万立方米。[②]"这些数据充分显示,进行生态补偿后,迪庆州的生态环境改善效果明显。

"十二五"期间,丽江坚持生态优先,以天然林保护和退耕还林等林业工程建设为重点,推进生态文明建设。"十二五"末,丽江全市新增森林面积 898.25 平方千米,可以吸收和固定二氧化碳 1822 万吨,森林生态系统碳汇功能进一步得到提升,据估计可以增加森林碳汇约 378.33 万吨[③]。

---

① 《怒江州 2015 年生态文明建设排头兵工作总结》。

② 《迪庆州天然林资源保护一期工程建设显著》,云南网-迪庆-热点新闻,2011 年 11 月 13 日。

③ 《"十二五"丽江林业发展回顾》。

(3)生态补偿对群众能源结构调整作用很有限

理论上看,农村居民电炊的逐步普及一定程度上能减少对薪柴的砍伐,有效保护森林资源和生态环境。但现实是怒江电力使用的普及率已经大于薪柴使用率,而怒江州农户的主要能源方式仍以薪柴为主,薪柴消费量占到农户能源消费量的85.02%,全州仅农村生活用柴量每年就达 $3×10^6$ 立方米。"问卷结果显示,在'平时使用最多的能源'选项中,只有94份(14.37%)问卷首选电力,高达550份(84.86%)问卷首选薪柴。"[69]补偿不到位、方式单一、资金有限等重要原因,最后使得用电成本明显高于薪柴使用成本。

2. 生态补偿缺口分析

目前国家财政实行的生态补偿转移支付主要是基于国家财力,补偿费用来源单一。而地区间的横向补偿、市场化补偿机制等都还没有得到很好构建,所以当前生态补偿的缺口很大。下面以怒江州为例进行分析。

2014年度省级下达怒江州森林生态效益补偿资金4118.69万元,其中中央财政森林生态效益补偿资金3390.59万元,省级公益林补偿资金728.1万元。兑现退耕还林粮食补助资金288万元,现金补助24万元,种苗补助资金83万元,完善政策补助资金2080.53万元。完成巩固退耕还林成果建设项目投资2085.85万元,完成基本口粮田建设6.65平方千米。2014年省级低效林改造争取到位资金900万元,完成低效林改造53.33平方千米。天然林保护二期工程争取资金5157.62万元,落实森林管护12200.96平方千米,完成人工造林16.68平方千米,封山育林33.35平方千米。陡坡地生态治理争取到位资金1800万元,完成陡坡地生态治理40.02平方千米。农村能源建设争取资金643万元,建设沼气池1550户,改节柴灶(炉)5550眼,安装太阳能热水器3520台,建立农村能源技术服务网点2个。

经初步测算,怒江流域仅生态修复和环境保护每年就需投入资金6.47亿元,上述补偿资金是远远不够的。根据表4-2的测算,要实现怒江州30万人脱贫全覆盖,每年所需生态环境保护资金达37.15亿元。而若根据森林生态服务价值进行补偿,缺口就更大了。经评估,2010年怒江州森林生态服务价值达1123.58亿元[①],若按国际通行的每年补偿该生态价值的1/10,那么补偿额就达到了110多亿元。

表4-2 怒江水电扶贫和生态环境保护投资测算表

类 别	合计	基本保障				以工代赈		三大体系建设
		14岁以下	15—19岁	20—22岁	60岁以上	23—60岁		
						生态、国防工人	旅游和产业从业人员	
人数/万人	31.3	6.7	0.2	0.3	2	7	15.1	
每人每年的补助金/元		4000	5000	8000	9600	18840	5000	
每年所需资金/亿元	37.15	2.68	0.1	0.24	1.92	13.19	7.55	11.47

资料来源:《怒江"3513"工程实施路径》。

所以,当前补偿缺口非常大。现行的补偿标准与森林的成本价值和发挥的生态效益、实际造林费用、管护费用以及经营商品林之间的收益差距巨大,导致了国家生态保护与森林经营者利益之间的不协调,挫伤了公益林所有者和经营者的积极性;补偿资金分散在多个部门,多头管理,分散使用,资金使用效益不佳;资金来源单一,横向补偿和市场化补偿都没有形成正式机制,某些项目的示范没有配套措施,短期效应较为突出,如电磁炉的推广示范,输配电线路、电价改革跟不上,最终影响群众使用的积极性;生态补助所执行的考核标准较为单一,补助金也是"一对一"平均发放到原居民手中,对社区、家庭缺少整体综合考核和联动责任机制。

[①]《怒江州2015年生态文明建设排头兵工作总结》。

(三)"三江并流"区域生态补偿面临的问题

1. 经济发展滞后、财力支撑不足的问题

"三江并流"区域经济发展较为滞后,从"三江并流"区域内的 8 个县(市)来看,除了香格里拉市经济总量在云南省 129 个县市区中排位稍微靠前一点外,其余 7 个县(市)的经济总量在云南省均排在第 80 位以后。与此同时,各县(市)财政收支差距较大,财政自给率也较低(见表 4 - 3)。

表 4 - 3 "三江并流"区域各县(市)2014 年主要经济指标

地区	GDP/亿元	全省排位	地方公共财政预算收入/亿元	全省排位	财政自给率
玉龙县	47.47	80	11.56	34	57.68%
香格里拉市	90.94	37	8.42	50	25.42%
德钦县	21.52	122	2.46	117	13.43%
维西县	35.08	104	3.82	101	16.3%
泸水市	35.22	103	4.09	98	25.79%
福贡县	9.02	127	1.11	127	8.9%
贡山县	7.15	129	0.94	129	11.1%
兰坪县	40.21	93	6.76	68	35.6%

资料来源:《云南领导干部手册 2015》,昆明:云南人民出版社,2015 年 6 月第 1 版。根据第六部分"2014 年云南省县域经济主要指标"整理。

从表 4 - 3 可以看出,"三江并流"区域内的 8 个县(市),在经济发展方面,除了香格里拉市以外,其他 7 个县(市)在云南省县域经济总量中均排后列,8 个县(市)中有 5 个排位在 100 位以后,其中贡山县排在第 129 位,福贡县排在第 127 位,德钦县排在第 122 位。以州级行政单位来看,2014 年怒江州生产总值 100 亿元,粮食总产量 20 万吨,农民人均

纯收入 4297 元,分别是解放初期的 1242 倍、6.2 倍和 215 倍,可以说经济发展取得了较大成绩,但与全国地级市平均数比较,分别仅为我国地级市平均水平的 6%、11.4%、43.44%。由于经济发展滞后,这些地方财源单一,财政自给率低,财政收入难以为继。8 个县(市)中除了玉龙县财政自给率高于云南省 38.3% 的水平外,其余县(市)财政自给率均低于云南省水平,如贡山县 2014 年财政收入不到 1 亿,财政自给率仅为 11.1%,福贡县财政收入 1.11 亿元,财政自给率仅为 8.9%,德钦县财政收入为 2.46 亿元,财政自给率仅为 13.43%。这样的财政自给率意味着这些地方公共财政的运转对上级财政的依赖较大,80%～90% 的财政支出需要靠上级财政转移支付,因而依靠本地财政来推进生态补偿机制的建立,从目前现实来看,基本没有可能性。

2. 生态补偿标准过低、补偿价值与生态价值差距较大的问题

从前面的分析可以看到,"三江并流"区域的生态效益补偿主要是通过中央财政以项目建设的方式予以支出,而补偿标准也由国家有关部门确定后交由地方政府执行,作为实际操作者的地方政府及利益相关者的地方民众只是被动地接收[①]。从当前我国补偿价值相对完善的森林生态补偿来看,补偿标准过低,补偿价值与生态价值差距较大。国家对国有性质、集体性质和个人性质的国家级公益林补偿的具体标准为:自 2001 年至 2009 年,国家级公益林补偿是每年每亩 5 元;从 2010 年起,中央财政对国有的国家级公益林补偿标准仍然是每年每亩 5 元,对属集体性质和个人性质所有的国家级公益林补偿,就从原来的每年每亩 5 元的标准,提高到每年每亩 10 元的标准;从 2013 年开始,这一补偿标准又提高到每年每亩 15 元,而国有的国家级公益林仍然按每年每亩 5 元的标准执行。总体来看,虽然国家对权属集体与个人的国家级公益林生态补

---

① 云南省人民政府:《云南省主体功能区规划》,云政发〔2014〕1 号,2014 年 1 月 6 日,第 11 页。

偿标准不断提高,但与这一区域所提供的生态价值相比,每年每亩 15 元的标准远远不能满足当地生态保护与发展的需要。根据云南省林业和草原局提供的《云南省森林生态系统服务功能价值评估》报告显示,"三江并流"区域中的怒江州森林生态服务功能单位面积价值达每年每公顷 11.56 万元,在云南省排第一位,迪庆州达每年每公顷 8.02 万元,排云南省第四位,丽江市达每年每公顷 7.19 万元,排云南省第十位(见表 4 - 4)。

表 4 - 4　云南省各州(市)森林生态系统服务功能单位面积价值及其排序表

[单位:万元/(年·公顷)]

排序	地区	单位面积价值	排序	地区	单位面积价值
1	怒江州	11.56	9	文山州	7.43
2	西双版纳州	9.45	10	丽江市	7.19
3	保山市	9.02	11	大理州	6.52
4	迪庆州	8.02	12	昆明市	6.18
5	德宏州	7.89	13	曲靖市	5.68
6	临沧市	7.86	14	楚雄州	5.28
7	红河州	7.85	15	昭通市	5.25
8	普洱市	7.53	16	玉溪市	5.24

资料来源:《云南省森林生态系统服务功能价值评估报告 2010》,云南省林业和草原局资料。

若怒江州每年每公顷获得的森林生态补偿为 225 元,则这只是其每公顷所提供的生态价值的 1.9%,远远不能满足当地对生态保护与发展的要求。实际上,从我们调研的情况来看,怒江州每年提供的森林生态系统服务功能价值达 1123.58 亿元,约占云南省的 1/10,相当于怒江州 2010 年全州地区生产总值的 20 倍,森林生态系统服务功能价值每亩达 7726 元。

3. 传统产业发育程度低、粗放型生产方式的问题

"三江并流"区域长期以来经济发展相对滞后,农业所占比重较大,

且以传统农业发展为主,第二产业发育不足,且以资源开采为主要支撑产业,第三产业因旅游发展较快而成为当地经济发展的主要亮点(见表4-5)。

表4-5 2014年"三江并流"区域产业发展情况

名称	云南省	怒江州	迪庆州	丽江市
生产总值/亿元	12814.59	100.12	131.30	261.84
占云南省比重	—	0.78%	1.02%	2.04%
第一产业增加值/亿元	1991.17	17.01	11.53	44.21
占云南省比重	—	0.85%	0.58%	2.22%
第二产业增加/亿元	5281.82	32.88	61.92	112.74
占云南省比重	—	0.62%	1.17%	2.13%
第三产业增加值/亿元	5541.60	50.23	73.76	104.89
占云南省比重	—	0.91%	1.33%	1.89%
三次产业比	15.5:41.2:43.3	17:32.84:50.16	7.8:42.1:50.1	16.88:43.06:40.06

资料来源:《云南领导干部手册2015》,昆明:云南人民出版社,2015年6月第1版。根据第五部分"2014年各州(市)经济指标在全省位次"整理。

从表4-5可以看到,"三江并流"区域产业发育层次较低,2019年三个州市三次产业增加值占云南省比例较低,怒江州第一产业增加值仅为云南省的0.85%,迪庆州仅为云南的0.58%,丽江市占比相对较高,也仅仅只有云南的2.22%。这说明这一区域农业发展较弱,实际上在我们的调研中发现,2014年"三江并流"区域由于交通通信不发达,生产活动相对封闭,传统的思维方式和落后的生产方式在农村中仍然占主导地位,多数人的衣食住行在很大程度上依赖于自然界,甚至有的地方仍然以刀耕火种的原始的生产方式来进行农业生产,而当地老百姓的生活燃料仍然以木材为主,如2014年迪庆州大部分人家仍然以木材为燃料,每人每年用于烤火的薪柴约2立方米,用木头盖房也是迪庆州居民的一种习俗。一般来讲,当地农民盖一座传统的住房大概需要100立方米的木头,要想彻底制止其砍伐树木,政府必将要投入大量资金来寻找和提供可以代替木材的燃料和材料。实施生态建设和补偿政策,必将大幅度改变和影响迪庆州农民惯有的生活方式。对于农民来说,要改变几千年来的生活习惯很难;对于政府来说,一次性解决所有区域内农民燃料和建房用木问题,资金压力相当大。再从第二产业来看,2014年"三江并流"区域工业发展滞后,且以资源开采为主,如怒江的兰坪县。这一区域总体上处于工业化发展的初级阶段,以资源型产业为主,结构比较单一,没有形成较成熟的产业链,大量的初级能源、原材料等自然资源的开发利用,一方面加大了对当地生态环境保护的压力,另一方面,卖初级产品和原料的经营方式很难获得高收益,由此导致企业成本外部化,没有动力对因资源开发而遭受污染和破坏的环境进行修复,从而使得当地矿山生态补偿难以真正实施。

4. 制度建设滞后、缺乏规范有序法规机制的问题

目前,在我国宪法中还没有关于生态补偿的有关条文,明确提出建立生态效益补偿的第一部法律是 1984 年出台并于 1998 年、2009 年二次修正,2019 年修订的《中华人民共和国森林法》,其中第七条明确规定:"国家建立森林生态效益补偿制度,加大公益林保护支持力度,完善重点生态功能区转移支付政策,指导受益地区和森林生态保护地区人民政府通过协商等方式进行生态效益补偿。"[①]而于 2002 年 12 月颁布,并且在 2003 年 1 月 20 日正式开始实施的《退耕还林条例》则是我国第一部专项生态补偿的法规。其他涉及生态补偿的法律主要有《中华人民共和国野生动物保护法》《中华人民共和国矿产资源法》《中华人民共和国矿产资源法实施细则》《中华人民共和国水法》等,这些法律法规的颁布实施,对生态补偿起到了积极的推动作用。然而,相关法律规定缺乏操作性,如《中华人民共和国野生动物保护法》第十九条规定:"因保护本法规定保护的野生动物,造成人员伤亡、农作物或其他财产损失的,由当地

---

① 《中华人民共和国森林法》第七条,中国政府网-全国人大法规库,2019 年 12 月 28 日。

人民政府给予补偿。具体办法由省、自治区、直辖市人民政府制定。"①
但在具体执行当中,没有制定具体的、可操作的补偿办法,在面对野生动
物造成的农作物乃至当地居民的人身伤害时,由于当地政府缺乏对补偿
主体、对象、补偿标准等方面的执行依据和措施,也在一定程度上导致相
关补偿难以落实到位,受损人群不满情绪上升,影响生态补偿的有效实
施。同时,对生态效益补偿的性质不明确、范围窄、标准低、程序复杂,在
具体实施中难以达到生态补偿制度涉及的初衷。如森林生态补偿,其范
围仅限定在公益林,实际上,在"三江并流"区域除了公益林外还有一部
分商用林,且这部分林地同样提供了生态系统服务的功能,但这部分林
地的补偿应如何实施,现在并没有可行的法律措施。

5. 管理机构不顺、生态补偿技术难度大的问题

目前,对"三江并流"区域的管理,仍然分属于不同的州市和不同的
部门。虽然在云南省设有"云南省三江并流国家风景名胜区管理办公
室",简称"三江办",并在怒江州、迪庆州及丽江市均下设相应的管理办
公室,但这个机构目前性质不明,职责不清,对"三江并流"区域的管理并
未起到实质性作用。从现有的环境保护管理体制来看,相关州市的发改
委、林业局、财政局、国土资源管理局和移民局等政府职能部门,都在各
自权限内对生态补偿工作具有某些管辖权,如矿产资源补偿、退耕还林、
海草还湿、造林、育林优惠贷款等所涉及的管理部门有国土资源部门、林
业部门、金融部门、财政部门、发改委等。各个职能部门在具体执行和操
作中又都有自己的一套程序和方法,相互之间缺乏协调和配合,一方面
导致管理分散,协调不力;另一方面不利于资金整合、提高利用效率[70]。
另外,缺乏横向管理协调沟通机制,致使跨州市或跨县域的生态补偿问
题难以解决。从技术层面上看,生态效益补偿面临着两个方面的困难:
一是生态环境资源的效益测算及生态价值货币化转换。目前,"三江并

---

①《中华人民共和国野生动物保护法》,中国政府网-全国人大法规库,2018年10月26日。

流"区域的生态补偿缺乏对当地生态价值的有效评估和测算,虽然云南省林业和草原局牵头做了《云南省森林生态系统服务功能价值评估》报告,其中有对"三江并流"区域相关州市生态系统服务功能价值的涉及,但这并不是基于当地生态补偿而进行的生态系统服务功能价值评估。因而,缺乏对这一区域进行生态补偿的基础性价值测算,导致生态补偿的标准难以核定。二是资源环境的损耗与经济发展的时间差,它使得生态成本的核算难以把握。比如,工业污染引发的生态破坏和健康损失是污染发生之后逐渐显现的,有的需要几年甚至几十年才被发现,那么,成本算到哪一年才准确?再比如,对于生态多样性的保护、物种的灭绝,我们很难把它们归结为哪一项经济活动。如果这些问题得不到解决,生态补偿就很难落到实处。

(四)"三江并流"区域生态补偿意愿的调查分析

"三江并流"区域地质地貌环境非常脆弱,生态系统自动调节能力较差,生态环境一旦被破坏,修复起来难度极大,因而,不适宜进行大规模的资源开发①。全国主体功能区规划中,"三江并流"区域 80% 以上的地区都属于限制开发区和禁止开发区②。这一区域的开发权受到极大的限制,致使其守着丰富的自然资源却得不到开发,经济社会发展受到了严重的制约,饱受贫穷的困扰;同时,这一区域还要为云南省甚至全国的生态利益支付巨额成本,错失发展机会。限制和禁止开发区大多地处青藏高寒边远山区,民族、边境和贫困面大,区域内的居民对生态环境的依赖性比较强,基础设施条件差,经济发展滞后,地方政府财政困难,人民生活水平低,是典型的边疆少数民族贫困地区,与重点开发区域差距巨大[71]。

---

①云南省人民政府:《云南省主体功能区规划》,云政发〔2014〕1 号,2014 年 1 月 6 日。
②国务院:《全国主体功能区规划》,国发〔2010〕46 号,2010 年 12 月 21 日。

1. 调查区域与分析方法

(1)调查区域界定及特征

调查区域选择云南省西部的迪庆州、怒江州及丽江市,辖区内有三州八县(市),主要包括迪庆州的三县(市)——香格里拉市、德钦县和维西县,怒江州的四县(市)——泸水市、福贡县、贡山县和兰坪县,丽江市的玉龙县。在这一区域共有 9 个自然保护区和 10 个风景名胜区,整个区域 4.1 万平方千米,总人口约 80 万[71]。

(2)分析方法的选择

建立和完善"三江并流"区域生态补偿机制,让区域内生态保护者得到合理的补偿,以促进保护和受益双方的良性互动,这是一项复杂的系统工程。"三江并流"主体功能区域具有地区间横向生态补偿的类型特征,在这一系统内,可能会涉及不同利益主体。考虑到补偿主体的不同利益,我们的调查样本分三个部分:第一部分是居民,随机选择了 400 户居民进行问卷调查;第二部分是政府部门,选择了州、县、乡级政府 12 个部门进行座谈交流;第三部分是以企业为主要对象,选择了 12 个单位进行问卷调查和座谈交流。

利用博弈论的分析思路,对生态补偿过程中生态保护者和生态受益者的行为进行模拟和推演,给出了一次性博弈和无穷次重复博弈的纳什均衡,如果参与人有足够的耐心,(保护,补偿)将是每一阶段博弈的纳什均衡,双方将走出一次博弈的"囚徒困境",实现生态补偿的均衡状态。在具体研究中,居民受偿意愿采用目前被认为是开展资源环境非市场价值评估最有效的方法之一的条件价值评估法,对居民生态补偿偏好和受偿意愿进行调查和评估。本方法根据经济学当中效用最大化的原理,探索建构"三江并流"区域范围内的生态要素市场,了解人们关于非市场物品的受偿意愿(willingness to accept,WTA),从而推断出这一区域居民愿意接受的经济补偿价值。因此,本研究采用条件价值评估法(CVM)

直接询问受访居民愿意保护"三江并流"区域的受偿意愿。研究的核心是进村入户面对"三江并流"区域内的居民直接询问并填写调查问卷,了解本区域范围内的居民由于实施生态工程或者生态环境质量下降所遭受影响的具体受偿意愿。同时对政府和企业的受补偿意愿进行访谈。研究是基于被调查对象的回答和访谈,在建构补偿机制的过程中尽最大可能考虑居民、政府、企业的意见,贯穿"公众参与"的思路,按照区域范围内的居民、政府、企业失去的机会成本和意愿来协商合理的生态补偿金额,帮助提高区域内居民、政府、企业三大主体在保护和恢复"三江并流"生态环境过程中的主动性和积极性。

本调查利用计量模型评估居民对云南省主体功能区总体规划的态度和受偿意愿的影响因素;针对"三江并流"区域主体功能区政策措施和相关模式,考量居民对补偿措施和方式方法的认可程度;计算居民可以接受的受偿金额,评价该补偿金额和现实补偿金额之间的差距,考量这种补偿金额的合理程度,为政府相关部门制定合理的补偿标准提供参考依据。同时,通过座谈、访谈和相关资料的研究,对政府和企业的受补偿意愿进行定性分析。

2.问卷设计和调查的实施

(1)调查问卷的设计

本调查问卷的设计分为两部分:第一部分内容主要包括基本信息。其目的是知道受访区域范围内居民的基本社会信息和经济信息;采集有关居民个体特征及其他有用信息,如性别、年龄、文化程度、家庭人口数、家庭收入等。第二部分内容是核心问题。了解被调查人员对"三江并流"区域生态保护政策和模式的态度,以及可以接受的具体补偿标准[71]。

(2)调查问卷的实施

①调查问卷的预先检验。调查问卷设计出来之后,在某党校学员中

选择了"三江并流"区域的学员进行了小样本人群预调查,检验问卷的回收率、接受调查的兴趣等,检测预期效果,进一步推敲问卷的设计并进行调整后,最终确定调查问卷。

②问卷调查的正式实施。问卷调查对象和样本:为了保证调查样本的代表性和有效性,问卷调查主要采用了面对面调查和座谈交流的方式。调查对象的选择分为三个部分。第一部分是居民受偿意愿调查。以问卷调查的方式首先对怒江州、迪庆州和丽江市三个地区的小区居民进行面对面问卷调查。然后对三个县(市)8个村的村民进行入户调查,主要对象是怒江州的泸水市洛本卓乡托拖村,兰坪县的石登乡小格拉村,贡山县丙中洛镇的丙中洛村和秋那桶村、六库镇的老六库村;迪庆州的香格里拉市尼汝村、霞给村、雨崩村,德钦县的霞若乡粗卡通村。第二部分是针对政府部门的调查。选择了怒江州、迪庆州和丽江市的州、县、乡三级政府,与发改局、林业局、环保局、工信委和移民局等相关12个部门进行座谈交流。第三部分是针对企业受偿意愿的调查。选择了以国有企业、民营企业为主要对象的12个企业进行问卷调查和座谈交流。

居民问卷调查样本数量:本次共发出调查问卷400份,收回400份,剔除无效问卷2份,有效问卷398份,问卷回收有效率99%以上。

调查时长:本次问卷调查时长自2014年6月至2015年2月。

3. 问卷分析

(1)调查样本的基本社会经济信息分析

问卷资料统计显示,调查样本中,男性占57.5%,女性占42.5%,调查样本性别比例基本平衡。表4-6显示,被调查者中,从年龄结构看,被调查者年龄主要在30~50岁,占样本人数的75.8%,即70%以上的受访者是青壮年。从收入情况看,月收入集中分布在1000~4000元,被调查人群中近80%的居民月收入不超过3000元。从文化程度上看,接受过高等教育的居民人数占比较低,大专、本科以上人数只占样本人数的13.9%;中专、高中以下人数占样本人数的86.1%,其中初中以下人数占样本人数的 57.9％,即大部分受访者未达到本科学历;从职业分类来看,农民人数占样本人数的 70.6％,工人人数占样本人数的 16.7％,约 70％的被调查者从事与农业和林业密切相关的职业。调查样本还显示,被调查人群的 68％是少数民族,与研究区域的多民族特征相吻合。

表 4-6 "三江并流"区域居民调查样本基本社会经济信息分析

年龄		月收入/元		文化程度		职业		民族	
年龄	比例	月收入	比例	文化程度	比例	职业	比例	民族	比例
10—20	4.9％	1000 以下	17.6％	未受教育	0.9％	工人	16.7％	少数民族	68％
20—30	15.5％	1000～2000	34.4％	小学	24.7％	农民	70.6％	汉族	32％
30—40	33.6％	2000～3000	25.7％	初中	32.3％	教师	5.9％	—	—
40—50	42.2％	3000～4000	12.3％	高中/中专	28.2％	公务员	5.4％	—	—
50—60	3.1％	4000～5000	8.1％	大专	8.7％	自由职业者	1.2％	—	—
60 以上	0.7％	5000 以上	1.9％	本科及以上	5.2％	其他	0.2％	—	—

(2)"三江并流"区域居民收入来源结构分析

表 4-7 显示,"三江并流"区域居民家庭收入主要来源于农、林、牧业。被调查 34.9％居民的收入来源于种植业,26.9％居民的收入来源于林业,20.7％居民的收入来源于放牧和养殖,表明被调查者中约 80％居民的生产方式是"靠山吃山"。居民主要以种植业、林业、放牧与养殖为主要的生产活动,对生态环境有较高的依赖度。

表 4-7 "三江并流"区域被调查居民收入来源结构表

名称	种植业	林业	放牧与养殖	本地工矿企业	服务业	外出打工	旅游相关产业
人　数	139	107	82	8	12	8	42
百分比	34.9%	26.9%	20.7%	2.01%	3.01%	2.01%	10.56%

(3)"三江并流"区域居民对主体功能区保护的态度分析

从调查数据来看,分析居民对主体功能区保护的态度发现,愿意实行主体功能区保护的居民占 68.1%,不愿意实行主体功能区保护的居民占 31.9%,说明近 2/3 的居民对主体功能区保护持支持态度。在不愿意参加主体功能区保护的居民中,15% 的居民认为主体功能区保护增加了投入,使收入下降;55.9% 的居民担忧主体功能区的保护会使他们失去更多的就业机会,从而失去生活保障。也就是说,在不愿意参加主体功能区保护的居民中,一半以上的人担心会失去基本生活保障。22.0% 的保护区居民认为主体功能区保护的补偿金额不足,使其保护没有积极性;而余下的 7.1% 的居民认为主体功能区保护对生态恢复没有作用和效果。

表 4-8 的调查分析表明,"三江并流"区域是生态功能区和欠发达地区的重叠,面对国家的限制和禁止开发,对生活有无保障、现实补偿不足、生存成本增加的顾虑,对收入可能下降的担忧,是当地居民不支持保护的主要原因。这与深度贫困的"三江并流"区域的居民诉求是高度吻合的,可以通过提高补偿金额让更多的居民支持主体功能区保护。

表 4-8 "三江并流"区域居民对主体功能区保护态度调查统计表

保护区居民意愿	人数	总数占比	不愿意保护者占比
愿意保护	271	68.1%	—
不愿意保护	127	31.9%	—

保护区居民意愿		人数	总数占比	不愿意保护者占比
不愿意保护的原因	增加投入,收入下降	19	4.8%	15.0%
	失去生活保障	71	17.8%	55.9%
	补偿不足	28	7.0%	22.0%
	保护对生态恢复没有作用	9	2.3%	7.1%

采用计量估计方法 Logistic 回归和 Probit 回归模型、因子分析法对居民对主体功能区保护措施的态度进行计量经济模型分析(见表4-9)。截面数据共有398个样本点,被解释变量是主体功能区保护态度,取值是在(0,1)中的离散变量,其中不愿意支持主体功能区保护的态度取值为0,愿意支持主体功能区保护的态度取值为1。问卷调查设计取得的资料为:Inc(万元)为被调查居民的家庭年收入;Area(公顷)为被调查居民的家庭种植面积;Fam(人)为被调查居民的家庭人口数量;Edu(年)为被调查居民的平均受教育程度;Age(岁)为被调查居民的年龄情况;Condi 为被调查居民种植土地现状,良好为1,严重退化为2,持续退化中为3,处于恢复期为4;Will 为被调查居民的接受愿意,愿意为1,不愿意为0。

表4-9 数值连续性变量(样本)统计描述

变量名	平均值	标准差	最小值	最大值
Inc/万元	5.35	5.01	0.1	58
Area/公顷	27.3	27.8	0	900 以上
Fam/人	3.67	1.23	1	7
Edu/年	7.18	3.39	0	16
Age/岁	36.5	9.87	15	67

在 Stata 13.0 软件中,利用逐步向前回归命令进行了 Logistic 和 Probit 回归模型的参数估计,得出表4-10。表4-10表明"三江并流"

区域居民对支持保护区的生态政策的态度与居民的收入状况、所承包土地面积相关度非常高。

表 4-10 Logistic 和 Probit 结果检验

变量	Logistic 检验				Probit 检验			
	Coef.	std. err.	z	$P>z$	Coef.	std. err.	z	$P>z$
Inc	0.1345	0.04654	2.74	0.003	0.0798	0.0253	2.89	0.003
Area	0.0516	0.0371	1.81	0.068	0.0355	0.0217	1.87	0.061
_cons	−0.6133	0.3267	−1.73	0.079	−0.388	0.2198	−1.78	0.070

Logistic 和 Probit 回归模型显示:一是收入系数为正。调查发现,高收入居民家庭参与保护的意愿较高,这部分居民认为,当前保护区生态恶化程度对自身产生影响较大,有必要加大对本地区的生态恢复力度。也就是说,Logistic 和 Probit 回归表明居民家庭收入与保护意愿呈正相关,高收入家庭对生态保护的成本表现出较高的承受力和应对能力,更愿意支持"三江并流"区域的生态保护实施。二是因为保护区内农户种植的土地多以旱地、山地为主,高寒山区以牧场为主,主要种植土豆、中药材、青稞等作物,大户多集中在江边,受生态保护政策的影响较大。具体表现为:种植面积系数为负,表明实施生态保护政策后,该区域内居民栽种面积越多,导致劳动力成本增加和投入资金量增加,加大了种植成本,因此,表现为对实施生态保护的积极性不高。相反,种植数量小的居民,受影响会小一些。

模型分析结果显示,"三江并流"区域居民保护生态环境的积极性取决于两个重要因素:一是家庭经济能力,二是种植面积,与前面分析预期的影响因子和影响的方向有一致性。同时,Logistic 和 Probit 回归模型的结果也高度吻合。

(4)"三江并流"区域居民的受偿意愿影响因素分析和估算

①"三江并流"区域居民的受偿意愿影响因素分析。从经济学常识

来看,居民的受偿意愿受多种因素的影响,比如所能提供的生态系统的服务品质或数量,还有个人的补偿偏好、补偿标准的满意度、自身的收入情况以及其他社会经济特征等因素,这些因素同居民的受偿意愿之间存在函数关系,即

$$WTA = F(Q, T, I, S) + e_i$$

式中:WTA 为受偿意愿,Q 为生态系统服务的品质或数量,T 为个人偏好,I 为个人收入,S 为个人社会经济特征,e_i 为随机误差。

由于受偿意愿(WTA)在分析中是区间数据,使用的是问卷调查所得的实证分析数据,因此,我们采用 Tobit 样本选择回归模型的估计方法[72]。按照问卷调查情况和相关理论,构建受偿意愿的函数模型,即

$$WTA = F(Inc, Area, Fam, Edu, Age, Condi, Will)$$

利用逐步向前回归命令,在 Stata 13.0 软件中进行参数筛选;利用回归模型分析(Tobit 估计法)进行参数估计,得到的结果如表 4-11 所示。

表 4-11 多变量 Tobit 估计法的区间回归模型估计结果

	Coef.	std. err.	z	$P > |z|$	[95% conf. interval]	
Plant	0.0068	0.0014	4.87	0.000	0.0033	0.0078
Edu	0.1801	0.0795	2.10	0.042	0.0043	0.3423
Condi	1.1474	0.3313	3.16	0.001	0.3798	1.8972
Will	3.3301	1.8814	1.81	0.078	-0.3455	6.8120
_cons	-6.5201	2.2578	-2.69	0.007	-10.8799	-1.7822

②"三江并流"区域居民的受偿意愿估算。根据表 4-11 中的数据参数,得到回归模型的方程为

$$WTA = -6.5201 + 0.0068Plant + 0.1801Edu + 1.1474Condi + 3.3301Will$$

对回归模型进行拟合优度检验,求得 LR $\chi^2 = 23.03, P = 0.0000$,因此,拟合优度较高,拟合效果好。(说明:LR 是拟合优度检验,χ 是变

量,不是下标。)

正的种植数量系数表明,作为调查样本的居民的受偿意愿与其所种植的面积大小呈正相关。同时正的种植状况系数还表明,当土地种植的状况较好时,对接受补偿的意愿不敏感,但是,一旦遇到种植状况不好时,对接受补偿的意愿会变得很敏感并且不断地提高,这种情况明显地表现在已经开始恢复的退化沙化种植上,受偿意愿为最高。受教育年限系数为正,表明作为调查样本的居民的受偿意愿与接受教育的年限呈正相关关系,即居民们接受教育的年限越长,教育的投入成本较高,相应的心理预期提高,补偿的意愿和补偿的金额也较高。保护意愿系数为正,表明作为调查样本的居民的受偿意愿越高,其对"三江并流"区域的生态保护政策的接受程度越高。

表 4-12　2014 年"三江并流"区域居民家庭相关指标

指标	泸水市	福贡县	贡山县	兰坪县	香格里拉市	德钦县	维西县	玉龙县	平均值
户均收入/元	21792	20622	20168	21783	31329	32410	28039	27265	25426
户均种植/公顷	112.2	147.7	164.8	107.3	127.1	97.6	107.2	93.1	119.6
户均教育年限/年	7.32	6.16	5.66	7.87	7.13	6.22	5.86	7.64	6.73
户人口数/人	3.13	3.36	3.27	3.22	3.31	3.33	3.40	3.45	3.31

《云南省三江并流世界自然遗产地保护条例》自 2005 年 7 月 1 日开始正式实施[①],以 2005 年为基准,2014 年"三江并流"区域 8 县(市)居民家庭户平均收入为 25426 元,平均受教育年限为 6.73 年,"三江并流"区域生态状态处于持续退化期,由此可得到"三江并流"区域居民对支持保护政策的接受补偿的意愿为

---

①《云南立法保护"三江并流"世界自然遗产地》,人民网-云南频道,2005 年 7 月 7 日。

WTA $=-5.4372+0.000087\times25426+0.1839\times6.73+1.2638\times3+3.2307\times1$

$=5.0346$(万元)

从问卷资料统计看,截至 2015 年,"三江并流"区域居民家庭平均人口数为 3.31,由此推算,居民受偿意愿为 15210 元。居民家庭平均种植面积为 119.6 公顷,平均每公顷的受偿意愿是 420.95 元。

4. 调查结论

从居民的视角研究,基于在"三江并流"区域开展的实地考察和抽样调查分析,应用条件价值评估法(CVM)建立计量模型,计量分析结果表明,区域内居民是否支持"三江并流"区域的生态保护,主要取决于当地居民的收入水平和种植户种植面积,并且呈正相关关系。居民的受偿意愿主要受居民种植现状、种植数量、居民对保护政策的支持程度以及居民受教育年限这些因素共同决定。调查结果同时还显示,68%的居民愿意参加主体功能区保护,不愿意参加主体功能区保护的居民主要是由于对补偿不足存在担忧。55.9%的居民担忧主体功能区的保护会使其失去更多的就业机会,从而使生活失去保障,因此,生态保护应建设更多的生存基础设施,保证这部分居民的基本生活,这样才能让生态保护得以有效实施和贯彻。本测算初步估算"三江并流"区域实施生态保护办法后,居民可以接受的补偿意愿大概为:居民家庭对保护办法的受偿意愿平均是每户每年 50346 元,每人平均受偿意愿是 15210 元,每公顷平均受偿意愿是420.95 元。

从政府的角度看生态补偿,针对政府的调查显示,"三江并流"保护区是经济发展较为滞后的区域,从区域内的 8 个县(市)来看,除香格里拉市外,它们在云南省 129 个县(市、区)中经济总量均排在 80 位以后,特别是怒江州的福贡县,是最末一位。这一区域的第二产业不发达,总体上处于工业化发展的初级阶段,以资源型产业为主,结构比较单一,没有形成较成熟的产业链,对资源的依赖度比较大,产业发展大量依赖初级能源、原材料等自然资源的开发利用,依赖矿山、林木采选,并且工艺落后。按照生态环境部产业准入标准,严格限制区内"两高一资"产业落地,禁止高水资源消耗产业在水源涵养生态功能区布局,限制土地资源高消耗产业在水土保持生态功能区发展,降低防风固沙生态功能区的农牧业开发强度,禁止生态功能区的大规模水电开发和林纸一体化产业发展。随着生态保护政策的实施和落实,特别是国家重点生态功能区产业准入负面清单的政策实施,产业选择被锁定,限制了发展的诸多可能性。产业结构调整难度加大,发展生态产业的能力不足,接续产业难以培育,使得区域面临经济加快发展的压力加大。同时,建设生态型产业园,普遍面临技术、政策、信息、组织运作等多方面的困难,涉及政府部门、周边区域、园区开发主体、入区企业等各方面,需要得到政府、社会等各个方面的补偿和支持。

对企业的调查显示,随着一系列保护政策的渐次推出和实施,企业对未来都有一定的担忧,受影响最大的是那些资源依赖型企业,成本的上升会使其面临很大的挑战,需要政府给予支持的是降低企业生产经营中的直接成本、降低企业制度性交易成本等一系列政策补偿,使企业在生态保护方面有更多的获得感。

五、"三江并流"区域生态补偿的
机制构建与实施保障

(一)"三江并流"区域生态补偿机制的构建思路

针对"三江并流"区域生态补偿现状和存在的问题,当前需要把生态补偿机制建设作为重点,简单的区域补偿措施、政策(如中央政府投资的生态环境治理工程)并不等同于机制,而补偿机制必须是长效的。"三江并流"区域生态环境保护压力较大,补偿的对象多元化,相关利益主体之间关系较为复杂,生态价值与生态补偿差距较大,补偿标准难以界定等问题,导致生态补偿难以发挥更高效的作用,因此,构建"三江并流"区域生态补偿的有效机制,有利于调整区域内相关利益主体间的利益分配关系,协调生态环境保护、资源开发与经济发展的矛盾,寻求经济增长与生态资源基础的平衡,恢复、改善、维护生态系统服务功能,使生态恶化的趋势得到控制,并更好地促进当地经济社会发展。

1.总体设计

生态补偿机制可以界定为:以保护生态环境、促进人与自然和谐为目的,根据生态系统服务功能、生态保护成本、发展机会成本等,综合运用行政和市场手段,调整生态环境保护和建设相关各方之间利益关系的具体政策和运行方式。"三江并流"区域的生态补偿机制构建以生态环境价值理论、生态资本理论、外部性理论、公共产品理论和可持续发展理论为理论基础,遵循"谁开发、谁保护,谁污染、谁治理,谁破坏、谁恢复,谁受益、谁补偿"的原则,明确界定"三江并流"区域生态补偿的主体和客体,科学测算生态补偿的各项成本及生态服务价值,采取政策补偿与市场补偿相结合的方式,以森林生态补偿、湿地生态补偿、流域生态补偿、自然保护区生态补偿、矿产资源生态补偿为主要内容,通过基本补偿、产业结构调整补偿和生态效益外溢补偿三个阶段,逐步构建起生态价值补偿的法规机制、补偿基金形成机制、市场机制、监测评价机制和政府治理机制等五个相互影响、相互促进的生态价值补偿机制体系。结合"三江并流"区域的实际情况,我们对这一区域生态补偿机制的构建提出一个基本框架(见图 5 - 1)。

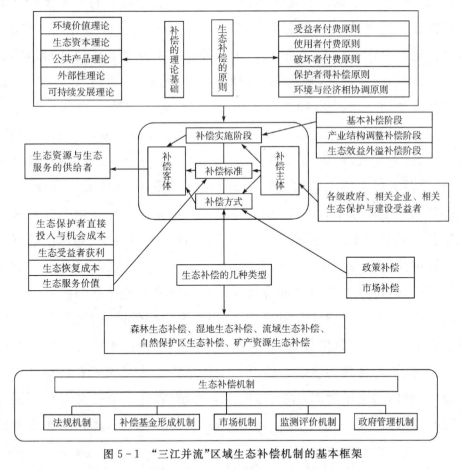

图 5-1 "三江并流"区域生态补偿机制的基本框架

2."三江并流"区域生态补偿机制的基本内容

(1)明确界定生态补偿的主体和客体

明确界定"三江并流"区域生态补偿的主体与客体是有效实施生态补偿的基础和前提。然而在当前生态补偿实施过程中,如何界定补偿的主体和客体是一个复杂的过程,早在我国"十一五"规划纲要中就明确要求"按照谁开发谁保护、谁受益谁补偿的原则,建立生态补偿机制"①。我国相关法律条文也明确提出了"谁开发、谁保护,谁污染、谁治理,谁破坏、谁恢复"的原则。从理论上来讲,生态补偿过程中的主客体确定应该可以根据这些基本原则来予以确定和划分,但在实际工作中,因为没有可以进行具体操作的实施法规,生态补偿的主体与客体往往难以明确界定。从"三江并流"区域生态补偿的实际情况来看,目前实施生态补偿的主体主要是中央政府和地方政府。然而,从生态补偿机制的构建来看,单一的补偿主体很难满足生态价值补偿的客观需要。因而,我们在构建"三江并流"区域生态价值补偿机制时,应按照使用者付费、破坏者付费、受益者付费的原则将实施生态价值补偿的主体扩大。这样一来,生态补偿的主体除了政府外,还应包括相关企业和其他从生态保护和建设中获得利益的个人、区域或组织。然而,在实际界定中,对从生态保护和建设中获得利益的个人、区域或组织难以界定,这就需要进一步加强基础研究,通过对生态环境价值及流域内生态价值的评估与测算及相关受益人群、区域和组织的分析研究,合理界定生态价值补偿的相关主体,在以各级政府生态价值补偿为主体的基础上,逐步扩大生态价值补偿的主体范围,形成合理的生态价值补偿主体结构。从客体来看,应以"三江并流"区域内的流域生态补偿、湿地生态补偿、森林生态补偿和矿产资源生态补偿及自然保护区生态补偿作为补偿工作的重点,将相关生态补偿

---

①《中国国民经济和社会发展"十一五"规划纲要》,中国新闻网-新闻中心-国内新闻,2006年3月16日。

的客体分为以下几类：一是为生态保护做出贡献者，包括"三江并流"区域内的各级政府、相关群众及企业；二是生态破坏的受损者，这一客体主要是生态破坏的直接关联者，如当地居民、企业等；三是生态治理过程中的受害者，这一客体主要是在生态治理过程中的直接关联者，如退耕还林还草涉及的农民、矿山环境修复涉及的企业等。

(2)加快对生态补偿标准的测算和评估

当前"三江并流"区域生态价值补偿比较成熟的领域主要是森林生态价值补偿。森林生态价值补偿的推进与实施，为"三江并流"区域的森林环境保护、生物多样性保护起到了积极的作用，并对当地群众的思想观念、生活方式、生产方式及收入水平均带来了积极的影响。然而，在实际实施过程中，由于相关补偿标准较低，难以真正发挥生态价值补偿的作用。从实际来看，"三江并流"区域的生态价值补偿标准主要依据国家相关规定，而这一标准如前所述，与"三江并流"区域所提供的生态价值差距较大，在具体实施中不足以弥补当地政府与群众为保护生态所付出的代价。因而，科学测算"三江并流"区域的生态服务价值，有利于构建较为科学的生态补偿标准，为国家制定生态价值补偿标准提供更为实际的、真实的数据支撑，从而提高生态价值补偿的有效性。为此，云南省应组织有关高校及科研部门，加快对"三江并流"区域生态效益的价值评估，所评估内容包括诸如生态系统服务的价值评估、生态保护者的直接投入与机会成本、生态破坏恢复或修复成本、生态足迹估计等方面①。在此过程中，我们可以考虑把这项工作与环境影响评价结合起来，尽可能使用环评中的各项数据和相关资料，将环境影响的定性评估和定量评估同时进行，争取在环评阶段就能够确定相关生态补偿金的数额。这样一来，一方面可以提高环评的准确性和科学性，另一方面可以提高相关管理机构的办事效率[70]。

---

①云南省人民政府：《云南省主体功能区规划》，云政发〔2014〕1号，2014年1月6日，第18页。

(3)强化区域与部门之间的相互协调

当前"三江并流"区域的生态补偿分别由不同州、市、县相关部门在相应的行政区域内以不同的项目组织实施,这种分散型的生态补偿与生态环境保护的整体性、系统性不相吻合,在实施过程中因为对政策的不同理解及部门利益的纠葛,带来一系列矛盾和问题,使得生态价值补偿不到位,引起相关群体的不满。因而,构建"三江并流"区域生态价值补偿机制应考虑形成各职能部门的相互协调配合,打破行政区域及部门的藩篱,整合项目资金,有效推进生态补偿的实施。从"三江并流"区域的实际情况来看,可考虑由云南省林业和草原局作为生态价值补偿工作的主要协调部门,与其他相关职能部门和机构进行沟通、协调,有效推进生态效益价值补偿工作的协作开展,确保"三江并流"区域生态价值补偿不因部门分割或利益纠葛而受到影响。之所以提出由云南省林业和草原局作为生态价值补偿工作的主要协调部门,是因为在当前的生态值补偿中,由林业部门组织实施的森林生态补偿一直走在前面,并且基本上形成了一整套比较系统化的补偿方式和手段,具备较丰富的实践经验及相对成熟的补偿模式,与此同时,刚刚开始试点的云南省湿地生态补偿也是由云南省林业和草原局湿地保护办公室主持实施的,如大山包湿地生态补偿、洱海流域湿地生态补偿的试点与实施,均取得了一定的成效。森林生态价值补偿和湿地生态价值补偿的推进,为其他类型的生态补偿提供了相应的经验和补偿模式。因而,可以以此为参照,在云南省林业和草原局的统一协调下逐步扩大湿地生态补偿范围,将"三江并流"区域所含湿地均纳入补偿范围,并着手推进矿产资源生态补偿、流域生态补偿及保护区生态补偿。真正构建起"三江并流"区域生态价值补偿的全覆盖模式,通过生态价值补偿的有效推进,实现生态效益与经济社会效益的同步发展。

(4)建立生态补偿"五大机制"

针对"三江并流"区域生态保护与建设工作以及生态补偿的当前现

状,可以考虑构建由政府部门主导、市场具体运作、公众参与的多样化、多层次的生态补偿机制。这些运行机制主要包括法规机制、补偿基金形成机制、市场机制、绩效监测评价机制和政府治理机制。

①法规机制。通过对现行与生态补偿相关的法规进行梳理,充分利用"三江并流"区域中民族自治地方立法权的条件,结合"三江并流"区域的生态环境保护与建设情况,在广泛听取各方意见的基础上,出台专门的"三江并流"区域生态补偿条例,通过立法的形式,明确生态补偿实施的主体、客体;明确补偿资金的具体来源渠道,包括生态税收、相关费用等;明确制定生态补偿标准的具体方式、方法;区分政府、企业及个人在生态补偿实施过程中的具体责任、权利和相关义务等,使生态价值补偿以地方行政法规的形式确定下来。在此过程中,我们应逐步构建起以"三江并流"区域生态补偿条例为核心、以国家相关法律为基础的生态价值补偿的法规机制,这一机制的构建,不仅表明了云南省政府保护和维护"三江并流"区域生态环境的坚定决心,而且还为广大的生态环境保护和建设者提供了法律保障,对进一步调动"三江并流"区域政府和民众保护生态环境的积极性、巩固生态建设成果具有重大意义。

②补偿基金形成机制。当前"三江并流"区域生态补偿的资金来源主要是中央政府及地方各级政府的财政支付资金,资金来源渠道较为狭小,不利于生态补偿的有效实施。为此,应结合"三江并流"区域生态系统服务功能的价值参数,构建生态补偿基金形成机制。生态补偿基金的来源应主要以财政资金为基础,通过征收生态补偿费、生态补偿保证金以及广泛吸收社会资金等形式形成①。与此同时,积极推进横向生态补偿的实施,确保生态区群众获得与非生态区群众一致的发展权。积极参与国家推行的流域水环境补偿试点工作,加强与金沙江(长江)流域各兄弟省区的横向生态补偿前期研究工作,积极促使国家加大力度推进与云

---

① 云南省人民政府:《云南省主体功能区规划》,云政发〔2014〕1号,2014年1月6日,第8页。

南生态关系密切的省区实现利益补偿,并通过相应的制度设计,明确相关各方的权利与责任,积极发挥多元主体在"三江并流"区域生态治理中的作用,形成"三江并流"区域生态补偿基金来源多元化。

③市场机制。生态服务本身具有公共物品的鲜明特性,而人们的经济社会活动却往往带有外部性,因而,世界上大多数国家都采用政府主导的生态补偿办法。然而,在具体实施过程中,生态服务并非只是纯公共产品,根据不同的功能作用,生态服务可划分为纯公共产品、准公共产品,如净化大气环境、固碳释氧等方面就属于纯公共产品的范畴;生态游憩、积累营养物质等方面则属于准公共产品的范畴。在实际生活中,对于纯公共产品,由国家给予提供,而对于准公共产品,则可由市场进行配置。因而,在"三江并流"区域,我们可以探索在准确界定生态资源产权的前提下,不断推进用水权、排污权和采矿权等资源环境要素的相关市场交易试点工作,充分发展资源使用权和污染物排放额度等资源环境权益的要素交易市场和平台,逐步构建生态补偿的市场机制,完善"三江并流"区域生态补偿机制的构建。

④绩效监测评价机制。"三江并流"区域及相邻地区生态类型较为复杂,任意自然的和人为的活动都有可能给这一区域脆弱的生态环境带来巨大影响。因而,在"三江并流"区域有必要建立一个区域性的绩效监测评价机制。我们可以充分利用当前互联网信息技术,运用大数据原理对当前"三江并流"区域生态环境的基础数据及生态补偿的相关数据进行收集、整理,构建一个"三江并流"区域生态信息数据库和基于当地经济发展、资源开发、环境保护等综合协调的动态信息数据库,用以观察和监测外部环境压力、人为活动对当地生态环境的影响及各影响因素之间的关系,从而研究当地生态环境的变化规律,寻求更好的、更有效的途径保护生态环境,提高当地生产力发展水平,使生态补偿更具针对性和精准性,让生态补偿真正实现其对自然环境的保护和持续利用生态系统为经济社会发展服务的目的。

⑤政府治理机制。生态系统的外部性及非排他性特征决定了生态

价值补偿的提供者主要以政府为主,这也是当前各国在推进生态价值补偿过程中,均由政府作为生态价值补偿的主要推进者和承担者的原因。"三江并流"区域生态价值补偿的实施同样也是以政府为主导的。然而生态价值补偿是一个复杂的系统工程,涉及各利益相关者的权利、责任和义务。而这些权利、责任和义务的厘清,非政府而不能为之。不论是政府补偿、社会补偿还是市场补偿,都离不开政府的治理和引导。因而,在构建"三江并流"区域生态价值补偿机制中,必须建立和完善"三江并流"区域生态价值补偿的政府治理机制。首先,构建起以云南省林业和草原局为主要协调单位的生态价值补偿协调机制,加强对"三江并流"区域生态价值补偿工作的指导、协调和监督,研究解决"三江并流"区域生态价值补偿机制建设工作中的重大问题,加快建立生态价值补偿的标准体系,为生态价值补偿提供科学的数据支撑;其次,推进建立科学合理的政策形成机制,逐步实现生态价值补偿的规范化、标准化和动态化管理;最后,引入市场机制,构建生态价值补偿的特许经营机制。按照"谁开发、谁保护,谁污染、谁治理,谁破坏、谁恢复,谁受益、谁补偿"的原则,探索将"三江并流"区域自然保护区以及风景名胜区的旅游项目、景区建设引入私营企业或国有企业进行建设、经营和管理,通过生态服务付费,拓展生态价值补偿的多种方式,有效提升补偿效益。当然,在这一过程中,必须要以保护生态环境为前提,加强政府对特许经营企业的监督、约束和惩罚,防止其为追求经济效率而不顾生态环境的保护,甚至破坏生态环境行为的发生。

(二)"三江并流"区域生态补偿机制的实施保障

"三江并流"区域需要把生态补偿机制的建设和实施作为工作重点。作为一种复杂的价值补偿过程,生态补偿机制可以理解为由相关法律和制度等要素构成的,以明确补偿责任、补偿标准、补偿方式等内容的保障体系,以实现生态补偿的长效性[53]。目前,"三江并流"区域生态补偿机制建设的重点,需要从健全监管评估体系、完善财政转移支付制度、强化生态补偿实施效果、提高农民的自我发展能力和加快区域内后续产业发展等多个方面开展保障工作。

1. 健全监管评估体系

近几年以来,我国颁布实施了和环保与资源利用关系密切的多种法律法规,然而就生态补偿而言,依旧缺乏基本的支撑制度,如产权不清,不利于法律保障,监管机制中存在着较多漏洞等。整体来看,我国环保方面的立法现状和进程明显地落后于保护生态环境的强烈需求,不具备合理的评估监管体系,这是最关键的问题。

长时间以来,"三江并流"区域和毗邻区域在建设和保持生态环境中,采取了本部门的上级机构评估和监督下级部门的具体工作的解决方案,不具备独立性较强的第三方评估和监管机构,也就无法有效地评估和监督当地建设和保持生态环境工程的实效性。这种机制的最大缺陷在于,基于本位主义而造成了多种问题,比如目标发生了扭曲,监测和评估标准不科学、不合理等[52]。为了制定和施行合理的、公平的生态补偿制度和政策,"三江并流"区域和毗邻区域应该参考欧盟地区的具体评估和监测经验,构建生态补偿政策评估和监管的社会化队伍和机构,比如它可以来自改制后的科研院所,也可以从部分环保领域的非营利性组织逐步演化过来,对这些组织和队伍的最基础的资质要求是涵盖了多个学科的专业化人才,全面地评估其经济效益、生态环境及社会效益。在此过程中,国家相关部门必须制定相应的法律法规,要求今后全部生态环境项目的日常维护及验收等,都必须交给独立性较强的第三方评估监管机构来完成。除此之外,为了提升生态环境补偿资金的使用效率,必须健全和改进相应的审计制度和绩效考评制度,审计及考核补偿资金的具体使用状况,组建针对性较强的奖惩制度,充分发挥补偿资金的引导和激励作用。

生态补偿机制是个法律问题,如果只当作政策问题,作用难以长久。

"三江并流"区域和毗邻区域的生态补偿机制必须立足于相应的法律法规基础,持续强化相关的生态保护立法,为构建和完善生态环境补偿机制提供法律依据[53]。从当前来看,"三江并流"区域和毗邻区域可循序渐进地构建和完善中央及地方两级制度保证机制。从中央层次上来讲,侧重于从立法的视角,保证生态补偿的具体措施;从地方层次上来讲,要密切联系本地区的实际情况,颁布实施针对性较强的地方性法规和行政规章制度。

2. 完善财政转移支付制度

实施"七彩云南保护行动计划",因为要担负更多的生态功能,在一定程度上限制了当地的开发活动。假如不能补偿当地丢失掉的重大经济发展机会,就难以稳步落实和贯彻主体功能区的相关战略[67]。因此,必须通过建立纵向与横向转移支付相结合、拓宽融资渠道等手段,使该区农民不但能够保护生态,而且能够享受到不断优化的与下游地区同样的基本公共服务,获得的发展机会也大体相同。从目前情况来看,"三江并流"区域要依靠公共财政中的更大比例的转移支付资金[67]。首先是持续改革和推进中央政府财政资金领域中的一般性转移支付制度,目前国内转移支付制度的内容中并未涵盖生态补偿方面的内容,亟须完善相应制度,也就是说将全国范围内的生态补偿问题列入我国一般性转移支付的具体范围中,从而满足基本公共服务的要求和需要。除此之外,中央政府部门新增加的财力必须添加相应的财政预算,用来增加相应的转移支付资金,侧重于帮扶"三江并流"区域,着力解决财力不足的瓶颈,推动不同地区之间协调发展。

在划分各级政府提供基本公共服务的具体事权方面,必须转变传统上依据事务的具体隶属关系进行划分的做法,进一步确认各级地方政府部门和中央政府在为人民群众提供公共服务领域的具体事权,健全事权与财力,完善事权与财力彼此适应的财政体系。因为各种类型的公共服务体现出的特点和性质各不相同,各级政府部门应该承担不同的事权责任。例如,生态环境及社会保障等均属于公共服务的内容,因为涉及较为广泛的领域,外部性更大,主要部门应该由省级和中央政府来提供,具体由县级政府开展管理和维护活动;公共卫生及义务教育等均属于公共服务,必须由省级、中央及县级政府部门集体承担,应该按照各个地方的具体经济发展程度和水平,科学地确定各级政府部门的具体承担比重。

在中央政府的监督及协调下,渐进地构建和完善利益相关方生态补偿协调的市场交易及自愿协商制度,与"三江并流"区域和毗邻区域关系密切的上下游利益相关方(所在地区的地方政府)构建和完善区域性生态补偿机制和协调的专业化机构,为生态服务功能的受益地及提供地开展协调和中介工作,积极地推动地方政府之间自愿协商生态补偿及相应的市场交易制度[25]。在上述制度的作用下,尝试构建生态共建补偿基金,比如由生态服务功能受益地及提供地的双方政府部门共同组建该基金,专项财政资金用来支持相应的生态补偿方面的财政性支出,统一交由双方地方政府的上级政府部门协调和管理。

此外,鉴于目前融资渠道非常单一,只能在部分生态问题或者重要的生态项目上进行融资,无法最大限度地展示出"受益者付费"的理念[17]。借鉴其他国家的做法和经验,密切联系"三江并流"区域和毗邻区域的具体情况,在协调生态补偿的具体融资方式时,必须坚持多元化融资投资补偿协调机制,吸引集体、国家、个人及非政府组织积极地参与进来,持续拓展建设与保护生态环境的投入途径[67]。与此同时,强化对外交流与合作,积极地争取世界性的金融机构提供的多种优惠贷款,吸收个人捐款及民间社团或者非营利性组织的捐款,大力建设和保护生态环境。

3. 强化生态补偿实施效果

①提高补偿标准,弥补补偿资金缺口。一是提高补偿标准,将权属为集体林和国家级、省级公益林补偿标准由 15 元/(亩·年)提高至 100 元/(亩·年)以上,提高"三江并流"区域生态恶化区植树造林补助标准

及配套设施补助经费。二是给予重点公益林管护费补助,将"三江并流"世界自然遗产地等禁止开发区内的重点公益林给予 50 元/(亩·年)森林管护补助。三是依托水电开发,提取能源调节资金,建设期每年每千瓦提取 80 元,运营期每千瓦时电提取 5 分钱,所得资金用于生态环境恢复。四是提高水资源使用费,按中央、省、州、县四级共享。

②积极争取小水电替代燃料项目,使更多的群众能享受优惠电价,进而替代薪柴、秸秆等生活燃料的使用。通过实施以电代柴,保护林木资源,改善和恢复生态。

③开展生态补偿试点,积极探索横向生态补偿机制和市场化补偿机制。探索率先在"三江并流"区域开展流域补偿、资源开发补偿、资源开发权入股参与投资等生态补偿试点。研究建立森林生态服务价值转化机制,推动"三江并流"区域森林碳汇参与温室气体自愿减排交易。

④完善"三江并流"遗产地和"自然保护区"的生态环境监测体系。建立由植物、动物、昆虫、鱼类研究所主导的动植物修复与重建计划,全面实施对流域野生动物、植物多样性保护计划。

4. 提高农民的自我发展能力

农民是生态补偿的主要参与者,"三江并流"地区实施生态补偿协调项目,只有提升农民群众的发展能力,才能稳步增强生态补偿项目的效果,提升其可持续发展的能力,也是实现稳步发展的重中之重[67]。但是,培育农民群众的发展能力具有复杂性和综合性。考虑到当前"三江并流"区域和毗邻区域的具体发展现状,必须增加人力资本方面的投资,持续地构建和完善系统化的培训服务网络,为他们提供多层次、宽领域的就业空间,选择多种类型的培育模式等,将内部激励及外部促动有效地结合起来,更好地增强他们的自我发展意识和能力。持续地增加"三江并流"区域和毗邻区域的人力资本投资,从根本上增强当地广大农民群众的自我发展意识和能力,政府在制定相应的经济政策和社会政策的过程中,应该侧重于增加人力资本领域的投资力度和积累,持续增加人力资本投资因素及知识发展因子,更好地促进农民群众发展能力的提升。

5. 加快区域内后续产业发展

前面的对策措施,更多的是从资金的转移支付角度来谈生态补偿,相当于是通过对生态资源保护地的输血,来促使它获得正常的经济社会发展。还有通过自身造血的方法来实现本地的发展,那就是发展后续产业,这也是生态补偿机制中很重要的一个环节。因此,"三江并流"区域生态补偿机制要关注资源地后续产业的培育,提升其自我发展能力[①]。

(1)基本原则

①坚持生态优先、绿色发展的原则。立足"三江并流世界遗产"和良好的生态环境,将保护生物物种资源、集约发展生态特色产业和推进生态环境保护作为核心要素,正确处理好资源开发与生态环境保护的关系,按照市场经济的要求,把生态环境保护与经济发展紧密结合起来。结合主体功能区的定位发展,以禁止开发区域为支撑,重点防治水土流失,涵养好水源,防治水污染,积极维护好生物多样性,构建森林及生物多样性生态功能区。严格生态安全底线、红线和高压线,控制开发强度,规范开发秩序,停止小矿山开发。考虑生态环境承载能力,遵循规律,以规划进行科学统领,经济发展不以牺牲生态环境为代价[②]。

②坚持提升自我、争取政策的原则。着力培育加工龙头企业、农民专业合作组织、种养殖大户等产业化经营主体,增强自身造血能力。同时,积极争取国家、省级项目资金和政策扶持,充分利用好州级产业发展基金,发挥财政资金的最大效益,重点扶大、扶优、扶强优势主导产业,加快产业化经营步伐。

---

①国家发展和改革委员会:《国家及各地区国民经济和社会发展"十三五"规划纲要(上下册)》,北京:中国市场出版社,2016年8月第1版。

②云南省人民政府:《云南省主体功能区规划》,云政发〔2014〕1号,2014年1月6日,第16页。

③坚持骨干支撑、动态推进的原则。要根据短、中、长期的不同特点、不同要求,分阶段制定差异化产业发展政策。短期立足于特色资源产业链的延伸,主要解决群众脱贫的问题。如在林木采伐的基础上,建立林木深加工和服务的产业群;在中草药种植的基础上,建立中药制剂加工产业群。中期立足于新兴产业发展,建立适应新的消费趋势、突破传统资源使用的全新产业,主要解决当地没有支柱产业的问题。通过培育和发展新兴产业,实现对传统产业的升级与替代。长期立足于综合经济发展,主要解决当地可持续协调发展的问题。在新兴经济得到进一步巩固和完善的基础上,特色资源产业链延伸路径将有效结合新兴产业发展路径,使得整个产业体系进一步完善,产业结构更加协调,当地经济能够实现可持续发展。

④坚持市场参与、政府引导的原则。后续产业的形成机制有市场调节机制和政府调控机制两种,这两种形成机制各有利弊。发达国家有成熟的市场经济,资源型企业大多以私营为主,受政府的直接干预较少。后续产业培育的内容、培育的时间、培育的方式,主要由企业在政府经济政策的引导下自己决定。但当出现紧急情况或面临危机时,这些国家的政府也会在短期相应采取救援政策度过非常时期;从长期考虑则会出台引导资源型产业延伸或转型的政策。因而,在"三江并流"区域这样的资源型贫困地区后续产业培育过程中,要把这两种机制结合起来使用,欧盟模式更倾向于政府主导与市场调解相结合,借鉴意义可能更大[①]。

(2)具体措施

①加强区域合作。

跳出行政区划的束缚,尊重经济规律,分别沿怒江、澜沧江、金沙江建立特色产业经济带,明确发展定位,发挥比较优势,参与分工协作,推

---

①国家发展和改革委员会:《国家及各地区国民经济和社会发展"十三五"规划纲要(上下册)》,北京:中国市场出版社,2016 年 8 月第 1 版。

动形成相互促进、优势互补、互利共赢的区域发展新格局①。

首先，怒江沿江特色农业经济带。以怒江、S228 公路为轴线贯通，该经济带主要包括泸水市、福贡县和贡山县的沿江乡镇，该狭长形经济带交通连接以怒江、S228 公路为主要轴线。推动"西藏—丙中洛—茨开—福贡—泸水"公路段的建设，结合民族文化和特色产业带的融合，构建"怒江—西藏—迪庆—丽江"的旅游环线，与特色农业带相结合，打造"大峡谷"系列特色生态农产品和旅游品牌，积极发展休闲农庄和体验农业。突出特色，抓好"滇藏文明"休闲农庄、"峡谷桃源"休闲农庄、"月亮飞流"休闲农庄和"清幽茶香"休闲农庄的示范引领作用。

其次，澜沧江生态经济带。依托澜沧江水体资源，结合《云南澜沧江开发开放经济带发展规划（2015—2020 年）》，完善五网建设，以两岸基础设施为支撑，结合"一轴、两极、两区、三屏"规划，优化沿江城镇布局，打造澜沧江大旅游目的地，促进产业和人口集聚，建设德钦、兰坪等沿江特色集镇和美丽乡村。完善农产品生产、加工、仓储、流通等环节，以综合开发推动生态经济带的发展。做好后续产业培植，围绕重要清洁能源基地、高原特色农产品加工基地、国际知名旅游地的定位，在云南省澜沧江开发开放经济带建设中发挥重要作用。

最后，金沙江旅游经济带。以金沙江河谷资源为依托，围绕《云南金沙江开放合作经济带发展规划（2016—2020 年）》，加强与周边省（区）的合作，融入长江经济带。整合好四川稻城、西藏昌都和云南迪庆香格里拉、维西、丽江玉龙的自然资源、旅游资源，协同推进基础设施建设、生态环境保护、旅游产业链的发展。突出民族特色，以新经济、新业态为依托，提升旅游集散中心功能，强化藏、滇、川的结合，重点建设尼西、金江、大中甸、小中甸、虎跳峡、奔子栏等集镇，打造金沙江旅游经济带核心区，

①云南省人民政府：《云南省主体功能区规划》，云政发〔2014〕1 号，2014 年 1 月 6 日，第 19 页。

助推云南省金沙江经济带融入国家战略。

②以"三大战略"打造后续产业竞争力。

首先是品牌化战略。"品牌"是产品走质量效益型道路的必要选择。"三江并流"区域尤其要抓好绿色知名品牌建设,依托"三江并流""怒江大峡谷""香格里拉"系列品牌,大力宣传"三江并流"区域的特色农产品,提高受众对该区域特色农产品的认知度和影响力。以特色、生态为基础,以 QS 认证为突破,以龙头企业、农民专业合作组织和农业行业协会为主体,以云南构建"云品工程"为契机,大力推进"三江并流"区域特色农产品的品牌创建。在重点产业领域,特别是对区域内名贵中药材、珍稀畜禽物种,要加强原产地保护,加大地理标志认证力度,构建"怒江大峡谷""香格里拉"系列品牌集群。积极承接东部生物等产业转移,吸引国内外著名企业前来发展,以"世界级品牌+特色优质产品"相结合的方式,扩大特色产品市场影响力,开拓国内外高端消费市场。

其次是产业集群化战略。第一是加快发展生物产业集群,以特色化、集约化和国际化为方向,以发展精深加工、加快品牌培育、加大地理产品保护、促进科技创新和成果产业化为重点,着力做强高原特色农业、特色畜牧业、民族医药等特色大生物产业。用产业链的方式加快传统资源的深度加工,实现从卖初级资源向卖高附加值产品的转型。如迪庆州可依托以藏医药为主的民族民间医药资源,做大做强一批以藏医药为主的龙头企业,加快特色药材品种及医药加工基地的建设,以市场需求为导向,以冬虫夏草、重楼、当归、秦艽、木香、白术等为重点品,加快新产品、新工艺的开发和产业化进程,提升藏药制剂生产能力。第二是大力提升旅游文化产业集群。充分利用"三江并流"区域丰富多彩、独具特色的民族文化、历史文化资源和生态资源,促进文化和旅游业深度融合。打破过去以行政区划为界对产业发展的诸多限制,以区域大旅游的视角,搭建合作平台,建立合作机制,着力打造旅游精品路线,做好旅游配套设施标准化等工作,把文化产业发展与旅游业发展紧密结合起来,推进传统旅游向休闲、探险、体验等现代旅游方式的转变。第三是稳步推进水电产业建设步伐。进一步加强与国电、华能、南方电网等企业的合作，推进境内"两江"上的梨园电站、里底电站、乌弄龙电站等重大水电开发项目的进度。抓住国家实施新一轮农村电网升级改造机遇，加快推进骨干电网、无电地区电网、农网、城网的建设力度。

最后是外向化战略。抓住云南建设"面向南亚、东南亚辐射中心"的机遇，坚持以市场为导向，充分利用国内和国外两个市场、两种资源，发挥生物资源和生物产品的比较优势，将"优势产品走出去，资金技术请进来"的双向流动作为"三江并流"区域生态产业发展的重点。

③发挥比较优势，提升三次产业质量①。

第一产业提升生态农、林、牧业发展水平。怒江在确保粮食安全的基础上，大力打造绿色富民产业，重点培育林、畜、药、菌、菜、果、油、花八大生态产业。着力发展林下经济，并探索林业生态产业和森林旅游业相结合的一、二、三产业融合发展新模式。做好两基地工作，进一步推进中药材基地建设，严格把控中药材的环境和生长期限，确保质量，强化品牌；推进畜禽繁殖基地建设，加强特色畜禽品种的保种扩繁工作，提高畜禽的出栏率和商品率。迪庆依据各区域不同的自然优势，打造三大优势产业带：高原坝区、山区的反季节蔬菜、玛咖和青稞产业带；半山区的药材和核桃产业带；河谷地区的葡萄、蚕桑、烟叶产业带。发展林下种植业和野猪、梅花鹿、尼西鸡、藏马鸡、林麝等林下特色养殖业。玉龙县重点培育红豆杉等珍稀树种，治理石漠化，发展林产业和林下产业，打造"森林玉龙"。通过把规模做大、产品做特、品质做优、市场做活，拓展第一产业发展功能，加强与第二、三产业的协作与互动，实现单一产业多环节持续增值，以资源优势产业促进区域协调发展。

第二产业提升工业经济发展的质量和水平。立足优势资源，一是加强高品质的生物产品生产加工带建设。如迪庆州要以优化提升葡萄酒、

---

①中共中央、国务院：《中共中央 国务院关于打赢脱贫攻坚战的决定》，中发〔2015〕34号，2015年11月29日。

青稞酒两大酒业为重点,建立两酒产业带,进而带动提升食品、饮品、保健品的制造水平。产业带建设中主要立足于县域绿色生态产品加工园区建设。如香格里拉市正积极推进核桃、橄榄、青刺果、菜籽、漆树籽五大食用植物油系列的生物资源加工园区的建设工作。二是加快优势资源开发,突出抓好以清洁能源、清洁载能产业为主体的工业体系建设。探索适宜"三江并流"区域低碳、循环的资源利用方式,建立符合当地情况的园区管理体制。经过科学论证,在对环境的影响可接受的范围内,加快大型水电基地建设,提升水电产业规模化水平,推动两江水电持续健康发展。积极开展智能微网及智能电网、分布式电源、智能变电站及超导等领域的技术研究工作。三是强化经济运行监测分析预警,防止工业经济出现大的波动。加强对效益下滑企业的指导帮扶,研究帮扶解困措施,实行分类指导,开展一企一策的针对性服务。

第三产业积极发展以旅游和物流为主的现代服务业。狠抓旅游产业重大项目建设,加快推进旅游服务中心建设,完善峡谷沿线旅游景观标识体系,全面优化旅游环境,强化旅游产品开发,提升旅游业发展质量和水平,打造"三江并流"生态旅游品牌。加快高端旅游业发展,开发高端商务会展、影视拍摄、文学艺术创作、康体修心、户外运动、风光摄影、亲子成长、科考探险等特色旅游产品。以全省"五网"建设为契机,打通和提升制约"三江并流"旅游发展的迪庆、丽江至怒江的旅游环线公路。联手打造多民族文化旅游圈、中缅边界风情旅游线、新滇藏(昆明—大理—怒江—林芝—拉萨)精品生态旅游带。积极发展现代物流业,以云南建设"面向南亚、东南亚辐射中心"为契机,充分发挥"三江并流"的交通和区位优势,建设以香格里拉、玉龙为中心,连接内地,辐射周边藏区的现代物流通道,通过物流业的发展进而带动第三产业的发展。

④建立健全产业支撑体系。

一是做好信息化支撑。培育一批绿色食品加工龙头企业,政府出台相应政策引导、鼓励这些企业加大农业标准化体系建设,试点结合信息化,推广生产基地备案,生产信息成立数据库,成为核心竞争力,从源头上加强农产品质量。让消费者看得到信息、查得到来源、吃得放心。

二是抓好人才支撑。重点培育壮大农村经纪人队伍,通过产业培育建设,积极培养有影响力、有代表性的本土企业家和农村致富带头人。实施好"党政一把手"等科技计划项目。

三是提升科技支撑能力。全面提升科技推广服务能力,创建林业科技示范基地。鼓励科技创新,加快科技成果转化,引导支持企业增加科技投入,开展技术改造,应用新技术、新设备加快产业转型升级,促进科技与经济紧密结合。广泛开展科普活动,提高劳动者的科学文化素质。加强知识产权应用与保护。畅通人才流动渠道,最大限度支持和帮助科技人员创新创业。

四是加强社会化服务体系支撑。扶持农民专业合作组织的发展,提高农业生产经营的组织化、社会化程度,走"公司＋基地＋协会＋农户"的产业化发展之路,完善特色生态农业产业链。

六、基本结论

在禁止开发和限制开发这两类区域,由于其承担了维护全国性、区域性、地方性生态安全的重要责任,是生态补偿的主要对象;同时,这两类区域又是经济欠发达地区,是区域协调发展中相关政策的重点扶持对象。因此,在进行生态补偿的同时,既要加大生态保护投入,又要改变开发方式。

第一,生态补偿需要把机制建设作为重点,简单的区域补偿措施、政策(如中央政府投资的生态环境治理工程)并不等同于机制,而补偿机制必须是长效的。作为一种复杂的社会过程,区域生态补偿机制可理解为由相关法律和制度等要素构成的,明确补偿责任、补偿标准、补偿方式等内容的保障体系,以实现生态补偿的长效性。目前,"三江并流"区域生态补偿机制建设的难点主要在于转移支付制度、法律法规、公共管理制度、政府管理体制、产业政策、生态移民政策等多个方面。一方面是从转移支付的角度来进行生态补偿,相当于是对生态资源保护地的"输血",以此来促使它获得正常的社会经济发展;另一方面是通过"自身造血"的方法来实现本地的发展,规划"三江并流"区域后续产业,提升自身发展能力。

第二,加快对"三江并流"区域生态补偿标准的测算和评估,为生态效益补偿标准的确定提供必要的基础数据支撑。应组织高校及有关科研部门,加快对"三江并流"区域生态效益的价值评估,评估内容包括生态系统服务的价值、生态保护者的直接投入和机会成本、生态破坏恢复或修复成本、生态足迹等。在此过程中,可以考虑将价值评估与环境影响评价相结合,充分利用环评的各项数据资料,使环境影响评价的定性评估与定量评估同时进行,在环评阶段确定生态补偿金的数额,同时也可提高环评的准确性、科学性,还可以节省环境管理部门的工作量,提高工作效率。

第三,努力建设区域与部门之间的沟通协调平台,完善"三江并流"区域生态补偿运作机制。当前"三江并流"区域的生态补偿分别由不同州、市、县相关部门在相应的行政区域内以不同的项目组织实施,这种分散型的生态补偿与生态环境保护的整体性、系统性不相吻合,在实施过程中因为对政策的不同理解及部门利益的纠葛,出现了一系列矛盾和问题,使得生态补偿不到位,引起相关群体的不满。因此,我们提出应该打破行政区域及部门的藩篱,整合项目资金,构建由政府主导、市场运作、公众参与的多层次法规机制以及补偿基金形成机制、市场机制、绩效监测评价机制、政府治理机制,有效推进生态补偿的实施。

第四,推动建立"三江并流"区域与生态受益地区之间的横向生态补偿制度。要构建横向生态补偿制度框架,需要对横向生态补偿中的"谁来补、补给谁、补多少、如何补、如何管"等核心内容做出规则性安排。目前,在不具有行政隶属关系的受益与受损主体之间开展补偿,通过经济发达地区向欠发达或贫困地区转移一部分财政资金,在生态关系密切的区域或流域建立起生态服务的市场交换关系,从而使生态系统服务的外部效应内部化。构建适宜"三江并流"区域的横向生态补偿制度,有利于调整相关利益主体的分配关系,协调生态环境保护、资源开发与经济发展的矛盾,寻求经济增长与生态资源基础的平衡,使生态恶化的趋势得到控制。

第五,生态补偿与民生改善、区域协调发展兼顾。在我国,生态补偿和区域协调发展一直是一个问题的两个方面。"三江并流"区域是我国的重点生态功能区,分布在贫困山区或少数民族地区,这些地区要么是原始生态区,生态环境状况较好,需要保护与禁止开发;要么生态破坏已经比较严重,需要进行生态修复,既要加大生态保护投入,又要改变开发方式。因此,在进行生态补偿的同时,需要解决改善民生和地区协调发展的问题。

附录 "三江并流"区域生态补偿的调查问卷

您好! 本次调查旨在了解社会公众对"三江并流"区域生态保护的意愿,为"三江并流"区域生态环境建设、生态补偿政策提供科学参考。问卷大约需5~10分钟,如果能得到您的支持,我们万分感谢! 我们会对您填写的内容严格保密,问卷的所有内容仅用于学术研究,不做任何他用。

调查问卷一

1. 您的收入来源是什么?

A. 种植业   B. 林业

C. 本地工矿企业   D. 服务业

E. 外出打工   F. 旅游相关行业

2. 您是否愿意参加"三江并流"区域的保护?

A. 愿意   B. 不愿意

3. 您不愿意参加"三江并流"区域的保护的原因是什么?

A. 增加投入,收入下降   B. 失去生活保障

C. 补偿不足   D. 保护没有效果

4. 您认为目前"三江并流"区域生态环境状况是什么样的?

A. 良好   B. 严重恶化

C. 仍在恶化   D. 已经开始恢复

E. 不清楚

5.您认为对"三江并流"区域进行资源开发会提高当地社会经济发展水平吗？

    A.会　　　　　　　　B.不会　　　　　　　　C.不清楚

6.您认为生态补偿的以下哪几种方式更有利于"三江并流"区域的生态保护？（限选三项）

    A.资金补偿　　　　　　B.政策补偿

    C.智力补偿　　　　　　D.生态产业发展

    E.生活用品　　　　　　F.生产用品

    G.其他（请注明）_____

7.如果让您放弃农业生产活动（种地、放牧），参与生态补偿（如"三江并流"区域生态保护与恢复工程），在参与生态补偿期间，您想获得的补偿金额大约是_____元/年。

8.您希望生态补偿期间，补偿分几次支付较好？

    A.一次性支付　　　　　B.按年支付

    C.按季度支付　　　　　D.按月支付

9.您希望补偿以何种方式支付？

    A.现金支付

    B.汇入专用银行

    C.作为参与生态恢复、保护零工的工资

    D.存入生态保护基金获得长期收益

    E.购买生态保险获得长期收益

10.您认为在"三江并流"区域生态补偿工作的管理过程中，应当主要由哪个职能部门牵头开展这项保护工作？（单选）

    A.林业　　　　　　　　B.水利

    C.农业　　　　　　　　D.环保

    E.住建　　　　　　　　F.规划

    G.国土　　　　　　　　H.公安

    I."三江并流"管理局

J.其他(请注明)＿＿＿＿＿＿＿＿＿＿＿＿＿＿＿

11.您认为"三江并流"区域生态环境的重要价值是什么?(限选两项)

A.保护生物资源多样性

B.保护生态环境

C.保护好环境,可以为今后提供更多的选择机会

D.为子孙后代保留这些资源,使其能享受到更好的生存和发展环境

E.其他(请注明)＿＿＿＿＿＿＿＿＿＿＿＿＿＿＿

12.您赞成通过采取生态移民的措施来维护和提高"三江并流"区域的生态效益吗?

　　A.赞成　　　　　　　B.不赞成　　　　C.不清楚

13.您是否赞成退耕(牧)还林(草)?

　　A.赞成　　　　　　　B.不赞成

14.您认为在生态保护中应该由谁来实施补偿?(可多选)

　　A.国家　　　　　　　B.地方政府

　　C."三江"下游相关受益省区

　　D.相关企业　　　　　E.其他相关组织

15.您认为生态补偿的对象是谁?(可多选)

A."三江并流"区域所有居民

B.因保护生态环境而导致的利益受损者

C.因资源开发而导致环境恶化地区的居民

D.其他利益相关者

16.您认为生态补偿标准确定的依据是什么?(可多选)

A.生物资源价值

B.水土流失的治理成本

C.保护环境带来的经济损失

D.产业发展受限带来的损失

E. 丧失就业机会导致的损失

F. 其他(请注明)_____

17. 您认为在"三江并流"区域的生态补偿中比较突出的问题是什么?(限选三项)

A. 资金缺口大 　　　　　　B. 管理制度建设薄弱

C. 发展与保护的矛盾 　　　　D. 生态补偿机制不健全

E. 生态补偿标准低 　　　　　F. 其他(请注明)_____

18. 您所在地政府开展过以下哪些生态补偿工作?(可多选)

A. 退耕还林还草补偿 　　　　B. 天然林保护补偿

C. 生态移民补偿 　　　　　　D. 资源开发补偿

E. 失业补偿 　　　　　　　　F. 其他补偿(请注明)_____

19. 您认为"三江并流"保护区的后续生态型产业开发情况如何?

A. 很好 　　　　B. 较好 　　　　C. 一般

D. 很差 　　　　E. 不清楚

调查问卷二

以下想了解的是关于您个人的部分资料情况,您的支持将会帮助我们进一步的研究工作,谢谢。

1. 您的性别:

☐男性 　　　　☐女性

2. 您的年龄:

☐10~20 　　　☐20~30 　　　☐30~40

☐40~50 　　　☐50~60 　　　☐60 以上

3. 您的月收入:

☐1000 元以下 　　　☐1000~2000 元 　　　☐2000~3000 元

☐3000~4000 元 　　　☐4000~5000 元 　　　☐5000 元以上

4.您的受教育程度：

□未受教育　　　□小学　　　　□初中　　　　□高中/中专

□大专　　　　　□本科及以上

5.您的职业：

□工人　□农民　□教师　□公务员　□自由职业者

□其他

6.您的家庭人口数：_____。

7.您的民族：

□少数民族　　□汉族

（谢谢您的配合！）

参 考 文 献

[1]宋敏,刘学敏.构建"三江并流"生态建设综合配套改革试验区的思路
[J].经济问题探索,2013(5):90 - 93.

[2]王辉民.环境影响评价中引入生态补偿机制研究[D].北京:中国地
质大学,2008.

[3]赵云峰.跨区域流域生态补偿意愿及其支付行为研究:以辽河为例
[D].大连:大连理工大学,2013.

[4]阮利民.基于实物期权的流域生态补偿机制研究[D].重庆:重庆大
学,2010.

[5]刘青.江河源区生态系统服务价值与生态补偿机制研究:以江西东江
源区为例[D].南昌:南昌大学,2007.

[6]丁吉林,许媛媛.可持续发展倒逼生态补偿机制冲破瓶颈[J].财经
界,2012(5):30 - 40.

[7]吴殿廷.区域经济学[M].北京:科学出版社,2003.

[8]李文国,魏玉芝.生态补偿机制的经济学理论基础及中国的研究现状
[J].渤海大学学报(哲学社会科学版),2008(3):114 - 118.

[9]张涛.禁止开发区生态补偿机制理论研究[J].高等函授学报(哲学社
会科学版),2009(8):27 - 29.

[10]毛显强,钟瑜,张胜.生态补偿的理论探讨[J].中国人口·资源与环
境,2002,12(4):38 - 41.

[11]洪尚群,马丕京,郭慧光.生态补偿制度的探索[J].环境科学与技
术,2001(5):40 - 43.

[12]王金南,庄国泰.生态补偿机制与政策设计[M].北京:中国环境科

学出版社,2006.

[13]孔凡斌.中国生态补偿机制理论、实践与政策设计[M].北京:中国环境科学出版社,2010.

[14]吴晓青,陀正阳,杨秦明,等.我国保护区生态补偿机制的探讨[J].国土资源科技管理,2012(2):18-21.

[15]中国 21 世纪议程管理中心.生态补偿原理与应用[M].北京:社会科学文献出版社,2009.

[16]中国 21 世纪议程管理中心.生态补偿的国际比较:模式与机制[M].北京:社会科学文献出版社,2012.

[17]张锋.生态补偿法律保障机制研究[M].北京:中国环境科学出版社,2010.

[18]滕加泵,薛银刚.国内外生态补偿机制的对比分析与研究[J].环境科学与管理,2015(12):159-163.

[19]赵雪雁,徐中民.生态系统服务付费的研究框架与应用进展[J].中国人口·资源与环境,2009,19(4):112-118.

[20]张宝志.生态环境价值化是高速公路建设保护环境的需要[J].中国工程咨询,2007(6):38-40.

[21]欧名豪,王坤鹏,郭杰.耕地保护生态补偿机制研究进展[J].农业现代化研究,2019,40(3):357-365.

[22]李爱年.生态效益补偿法律制度研究[M].北京:中国法制出版社,2008.

[23]中国生态补偿机制与政策研究课题组.中国生态补偿机制与政策研究[M].北京:科学出版社,2007.

[24]吴玉琴,严茂超,许力峰.城市生态系统代谢的能值研究进展[J].生态环境学报,2009,18(3):139-145.

[25]张金艳.推进我国农业生态补偿法律制度实施建议[J].林业经济,2013(5):115-118.

[26]刘玉卿,徐中民,南卓铜.基于 SWAT 模型和最小数据法的黑河流

域上游生态补偿研究[J].农业工程学报,2012(10):124-130.

[27]别芳玫,应黎明,王晋伟,等.水电站辅助服务外部性分析[J].人民长江,2014(19):101-104.

[28]张润森,濮励杰,刘振.土地利用/覆被变化的大气环境效应研究进展[J].地域研究与开发,2013,32(4):123-128.

[29]和慧军.河源人的实践[J].创造,2013(4):48-51.

[30]宋蜀华,白振声.民族学理论与方法[M].北京:中央民族大学出版社,2002.

[31]吴泽霖.民族学田野调查方法[J].中国民族,1982(6):34-35.

[32]齐格弗里德.纳什均衡与博弈论[M].北京:化学工业出版社,2011.

[33]张建肖,安树伟.国内外生态补偿研究综述[J].西安石油大学学报(社会科学版),2009,18:23-28.

[34]庇古.福利经济学[M].北京:华夏出版社,2007.

[35]科斯.财产权利与制度变迁[M].上海:上海人民出版社,1994.

[36]萨缪尔森,诺德豪斯.经济学[M].北京:人民邮电出版社,2012.

[37]梅多斯 DH,梅多斯 DL,兰德斯.增长的极限[M].北京:机械工业出版社,2013.

[38]赵建军.可持续发展理论形成的背景透视[J].自然辩证法研究,1999(1):31-34.

[39]中国 21 世纪议程管理中心.生态补偿:国际经验与中国实践[M].北京:社会科学文献出版社,2007.

[40]王学军,李健,高鹏,等.生态环境补偿费征收的若干问题及实施效果预测研究[J].自然资源学报,1996(1):1-7.

[41]王志凌,谢宝剑,谢万贞.构建我国区域间生态补偿机制探讨[J].学术论坛,2007(3):119-125.

[42]蒋姮.自然保护地参与式生态补偿机制研究[M].北京:法律出版社,2012.

[43]李善同.西部大开发与地区协调发展[M].北京:商务印书馆,2003.

[44]沈满洪,陆菁.论生态保护补偿机制[J].浙江学刊,2004(4): 217-220.

[45]李潇晓.对建立广西森林生态效益补偿机制的几点思考[J].广西林业,2007(3):46-47.

[46]王梅农,刘旭,王波.我国耕地占补平衡政策的变迁及今后走向[J].安徽农业科学,2010(33):34-37.

[47]王振.生态公益林补偿机制研究:以中国林科院亚林中心大岗山自然保护区为例[D].北京:中国林业科学研究院,2004.

[48]康慕谊,董世魁,秦艳红.西部生态建设与生态补偿目标、行动、问题、对策[M].北京:中国环境科学出版社,2005.

[49]秦玉才.流域生态补偿与生态补偿立法研究[M].北京:社会科学文献出版社,2011.

[50]宋蕾.矿产资源开发的生态补偿研究[M].北京:中国经济出版社,2012.

[51]黄寰.论自然保护区生态补偿及实施路径[J].社会科学研究,2010(1):108-113.

[52]任世丹,杜群.国外生态补偿制度的实践[J].环境经济,2009(11):34-39.

[53]秦玉才,汪劲.中国生态补偿立法路在前方[M].北京:北京大学出版社,2013.

[54]庄国泰,高鹏,王学军.中国生态环境补偿费的理论与实践[J].中国环境科学,1995,15(6):413-418.

[55]龚亚珍.世界各国实施生态效益补偿政策的经验对中国的启示[J].林业科技管理,2002(3):19-21.

[56]朱桂香.国外流域生态补偿的实践模式及其对我国的启示[J].中州学刊,2008(5):69-71.

[57]王金亮.滇西北三江并流区森林景观生态系统多样性变化分析[J].林业资源管理,2000(4):42-46.

[58]李俊君,余静丹.三江并流地区水利水电发展与生态和谐研究[J].中国水运,2012(8):136-137.

[59]孙克勤.世界自然遗产云南三江并流保护区存在的问题和保护对策[J].资源与产业,2010(6):118-124.

[60]《中国生物多样性国情研究报告》编写组.中国生物多样性国情研究报告[M].北京:中国环境科学出版社,1998.

[61]杨发仁.西部大开发与民族问题[M].北京:人民出版社,2005.

[62]角媛梅,王金亮,马剑.三江并流区土地利用/覆被变化因子分析[J].云南师范大学学报(自然科学版),2002,22(3):59-65.

[63]包广静,吴兆录,骆华松.怒江流域水电开发社会经济影响分析[J].水利水电科技进展,2007(6):10-13.

[64]吕火明,赵颖文.农村全面小康建设评价体系的构建及区域差异性研究[J].农业经济问题,2016(4):9-15.

[65]白燕.流域生态补偿机制研究:以新安江流域为例[D].合肥:安徽大学,2011.

[66]张建,夏凤英.论生态补偿法律关系的主体:理论与实证[J].青海社会科学,2012(4):100-104.

[67]王欢欢,王冉.云南三江并流重叠保护区间利益冲突的法律分析[J].生态经济,2008(12):155-158.

[68]郭庆彬,李玉卿.三江源、三江并流与三江平原[J].地理教学,2009(2):4-6.

[69]孙威,胡望舒,闫梅,等.限制开发区域农户薪柴消费的影响因素分析:以云南省怒江州为例[J].地理研究,2014(9):1694-1705.

[70]杨娟.生态补偿的法律制度化设计[J].华东理工大学学报(哲学社会科学版),2004(1):81-84.

[71]孙智明.三江并流地区的区域发展与贫困问题[J].现代物业,2010(8):6-8.

[72]杨光梅,闵庆文,李文华,等.基于CVM方法分析牧民对禁牧政策

的受偿意愿:以锡林郭勒草原为例[J].生态环境,2006,15(4):747 -751.

[73]《环境科学大辞典》编委会.环境科学大辞典[M].修订版.北京:中国环境科学出版社,2008.

[74]国家环境保护局自然保护司.中国生态环境补偿费的理论与实践[M].北京:中国环境科学出版社,1995.

[75]林耀华.民族学通论[M].修订版.北京:中央民族大学出版社,1997.

[76]郭京福,毛海军.民族地区特色产业论[M].北京:民族出版社,2006.

[77]邬义钧,邱钧.产业经济学[M].北京:中国统计出版社,2001.

[78]耿雷华,李原园,黄昌硕,等.水源涵养与保护区域生态补偿机制研究[M].北京:中国环境科学出版社,2010.

[79]丁四保.主体功能区的生态补偿研究[M].北京:科学出版社,2009.

[80]费孝通.乡土中国[M].北京:北京大学出版社,2012.

[81]柯武刚,史漫飞.制度经济学:社会秩序与公共政策[M].韩朝华,译.北京:商务印书馆,2000.

[82]涂尔干.社会分工论[M].北京:生活·读书·新知三联书店,2000.

[83]COSTANZA R,et al. The value of the world's ecosystem services and natural capital[J]. Nature,1997,38(7):253 - 260.

[84]刘春江,薛惠锋,王海燕.生态补偿研究现状与进展[J].环境保护科学,2010(1):77 - 80.

[85]靳乐山,李小云,左停.生态环境服务付费的国际经验及其对中国的启示[J].生态经济,2007(12):156 - 158.

[86]毛锋,曾香.生态补偿的机理与准则[J].生态学报:2006,26(11):3841 - 3846.

[87]王清军.生态补偿主体的法律建构[J].中国人口·资源与环境,

2009,19(1):139-145.

[88]胡世明.水土保持生态补偿的财政对策:基于生态转移的横向转移支付制度[J].闽江学院学报,2009,30(1):59-63.

[89]郭菊馨,王自英,白波,等.云南三江并流地区气候变化及其对生态环境的影响[J].云南地理环境研究,2006(2):48-52.

[90]黄锡生.矿产资源生态补偿制度研究[J].现代法学,2006,18(6):122-127.

[91]杜群.我国水土保持生态补偿法律制度框架的立法探讨[J].法学评论,2010(2):109-116.

[92]杜群,任世丹."水土保持设施补偿费"制度探究[J].中国地质大学学报(社会科学版),2010,10(1):74-80.

[93]张式军,韩洪霞.我国生态补偿法律保障机制的构建[J].青岛农业大学学报(社会科学版),2008(1):63-67.

[94]李爱年,刘旭芳.对我国生态补偿的立法构想[J].生态环境,2006(1):194-197.

[95]李静云,王世进.生态补偿法律机制研究[J].河北法学,2007,25(6):108-112.

[96]张爱美,陈绍志,朱可亮.我国以天然林保护工程为主体的公益林生态效益补偿及其估值研究[J].生态经济,2014(11):161-164.

[97]张翼飞,陈红敏,李瑾.应用意愿价值评估法,科学制定生态补偿标准[J].生态经济,2007(9):28-31.

[98]樊辉,何大明.怒江流域气候特征及其变化趋势[J].地理学报,2012(5):621-630.

[99]李国平,李潇,萧代基.生态补偿的理论标准与测算方法探讨[J].经济学家,2013,12(2):42-49.

[100]曹明德.对建立生态补偿法律机制的再思考[J].中国地质大学学报(社会科学版),2010,10(5):28-35.

[101]黄润源.论生态补偿的法学界定[J].社会科学家,2010(8):

80 - 82.

[102]黄润源.论我国生态补偿法律制度的完善[J].上海政法学院(法治论丛),2010,25(6):56 - 61.

[103]王清军,蔡守秋.生态补偿机制的法律研究[J].南京社会科学,2006(7):73 - 80.

[104]陈江华,丁国峰.生态补偿立法的完善[J].环境保护,2011(10):43 - 44.

[105]李小苹.生态补偿的法理分析[J].西部法学论坛,2009(5):13 - 16.

[106]梁丽娟,葛颜祥,傅奇蕾.流域生态补偿选择性激励机制:从博弈论视角的分析[J].农业科技管理,2006,25(4):49 - 52.

[107]徐梦月,陈江龙,高金龙,等.主体功能区生态补偿模型初探[J].中国生态农业学报,2012,20(10):1404 - 1408.

[108]孟召宜,朱传耿,渠爱雪,等.我国主体功能区生态补偿思路研究[J].中国人口·资源与环境,2008(2):139 - 144.

[109]董小君.主体功能区建设的"公平"缺失与生态补偿机制[J].国家行政学院学报,2009(1):38 - 41.

[110]李俊丽,盖凯程.三江源区际流域生态补偿机制研究[J].生态经济,2011(2):171 - 173.

[111]陈锦其.浙江生态补偿机制的实践、意义和完善策略研究[J].中共杭州市委党校学报,2010(6):17 - 22.

[112]郭升选.生态补偿的经济学解释[J].西安财经学院学报,2006,19(6):43 - 48.

[113]王金亮,将连芳,马剑,等.三江并流区少数民族社区土地利用变化驱动力分析[J].地域研究与开发,2000(4):62 - 64.

[114]李含琳.西部经济增长转变的战略对策[J].西部论丛,2006(8):29 - 32.

[115]赵武,王姣玥.新常态下"精准扶贫"的包容性创新机制研究[J].中

国人口·资源与环境,2015(S2):170-173.

[116]刘宇翔.欠发达地区农民合作扶贫模式研究[J].农业经济问题,
2015(7):37-47.

[117]匡远配.中国扶贫政策和机制的创新研究综述[J].农业经济问题,
2005(8):24-28.

后　记

十年磨一剑。2018 年 3 月份,我的国家社科基金项目研究报告数易其稿,终于获准结项了,我可以长长地舒一口气了。为了对这几年的研究工作有个交待,2022 年春节期间,我特地在国家课题研究报告的基础上整理出版专著,以此作为人生一个阶段的小结。

回首往事,感慨万千,自己的每个足迹、每份成绩,除了自身的努力外,更多的是同事和家人的帮助与无私奉献。几年来,承蒙温兴生书记、汪达副书记、鲁晓成副校长和付宏副校长等学校领导,秦尊文院长、彭智敏所长等湖北省社科院领导,以及陶珍生副院长、马玉霞副院长和乔长涛博士等院系领导的指导,他们给予我诸多帮助,在此祝他们身体健康、阖家幸福。同时,还要感谢杜琼副教授、肖雁副教授、李美婷讲师和梁萍博士在学术上的探讨交流和课题上的大力合作,使我受益匪浅。在此,祝福她们一生平安、前程似锦!

在此也要特别感谢我的家人和朋友。在本人求学和工作的道路上,他们一直给予我莫大的关爱、支持和鼓励,使我得以顺利地完成学业。他们无私的爱是我的坚强后盾和前进动力。

最后,谨向本书中所列参考文献的诸位作者表示感谢,他们的研究成果为我的研究奠定了基础。面对几经修改的文稿,仍感意犹未尽。本书尚未涉及和研究不深的地方,不仅是时间仓促或其他客观原因所致,也与本人才疏学浅有关,恳切期待各位读者批评指正。我会在今后的工作中勤奋学习,努力钻研。

许　林

2023 年 1 月